Oksana Zaporozhchenko
Alexandr Sedak

Princípios Ambientais de Formação da Arquitetura Edifícios Públicos

Oksana Zaporozhchenko
Alexandr Sedak

Princípios Ambientais de Formação da Arquitetura Edifícios Públicos

ScienciaScripts

Imprint

Any brand names and product names mentioned in this book are subject to trademark, brand or patent protection and are trademarks or registered trademarks of their respective holders. The use of brand names, product names, common names, trade names, product descriptions etc. even without a particular marking in this work is in no way to be construed to mean that such names may be regarded as unrestricted in respect of trademark and brand protection legislation and could thus be used by anyone.

Cover image: www.ingimage.com

This book is a translation from the original published under ISBN 978-620-2-00468-8.

Publisher:
Sciencia Scripts
is a trademark of
Dodo Books Indian Ocean Ltd. and OmniScriptum S.R.L publishing group

120 High Road, East Finchley, London, N2 9ED, United Kingdom
Str. Armeneasca 28/1, office 1, Chisinau MD-2012, Republic of Moldova, Europe
Printed at: see last page
ISBN: 978-620-7-90206-4

Índice:

Revisores:

Z. V. Moiseenko, doutor em arquitetura, professor do departamento de teoria, história da arquitetura e síntese das artes, arquiteto de renome da Ucrânia, laureado com a recompensa estatal da Ucrânia, está na indústria da arquitetura, académico da academia ucraniana de arquitetura.

C 28. Sedak A., Zaporozhchenko O. Princípios ambientais da formação de edifícios públicos de arquitetura. Tutorial / A. Sedak, O. Zaporozhchenko - K. - 2016 - p.171.

A exposicao em materiais de edicao ajuda a formacao do sistema de conhecimento de futuros especialistas para a decisao de tarefas arquitetonicas e cientificas da criacao de decisoes perfeitas de ambiente arquitetonico ecologico. Os princípios ecológicos da formação da arquitetura do edifício público e as características da formação por volume de decisões de plano de tipos separados de casas são considerados.

Destinado aos estudantes de estabelecimentos de ensino superior, pode ser utilizado por especialistas que trabalham no domínio da arquitetura, do design e da construção.

A. Sedak,

O. Zaporozhchenko

Capítulo 1

INTRODUÇÃO

Os recursos que consumimos não são ilimitados. Existe uma cadeia em relação a qualquer produto, desde a extração até ao acabamento utylizatsiyeyu. Isso leva a uma atitude bastante agressiva em relação à natureza e ao ambiente. Hoje em dia, o problema é certamente relevante. Um estilo de vida saudável e o respeito pela ecologia no mundo tornam-se uma tendência da moda devido ao facto de a sobrevivência humana num sentido global só ser possível se o equilíbrio da natureza. Uma forma de resolver o problema é a construção ecológica.

O estilo ecológico de construção é um estilo de arquitetura que se manifestou de forma especialmente brilhante no último terço do século XX em ligação com o movimento de defesa do ambiente. Para os edifícios públicos deste estilo, a caraterística é a aspiração às formas "verdadeiras", a utilização alargada de materiais naturais e não sintéticos, a utilização de tecnologias de poupança da natureza e outras semelhantes.

A criação de um edifício público ecológico tem como objetivo a utilização eficaz dos recursos naturais, bem como o aproveitamento das realizações da ciência na indústria de produção de materiais de construção ecológicos em combinação com os princípios ecológicos de formação da arquitetura de todos os tipos de objectos.

A procura de formas específicas de organização do ambiente espacial eco-edifícios e edifícios para o condicionamento da economia de recursos de energia de redução das consequências para as funções vitais do homem no ambiente, e também a ação da influência negativa do ambiente artificial no homem hoje - são importantes os princípios de desenvolvimento da eco-arquitetura.

A eficiência da poupança de energia e o respeito pelo ambiente dos edifícios públicos são determinados pela totalidade de muitos factores:

- pela escolha do local de construção e dos materiais e construções ecológicos;

- pela utilização passiva e ativa de meios de restauração;

- potência através de um equipamento de engenharia vantajoso, e outros do género.

O projeto arquitetónico de construção ecológica inclui uma componente inalienável de medidas de economia de energia: orientação do edifício; localização das janelas (a maior parte das janelas e das partes transparentes das paredes ou do telhado devem estar viradas para o sol, ao mesmo tempo que é impossível esquecer a proteção do sol no verão); zonamento do edifício (a divisão em zonas mais quentes - habitações, e mais frias são zonas auxiliares ou tampão); criação de construções de paredes que acumulam e dão o calor no interior do edifício; compacidade do edifício (a forma mais compacta do edifício é uma meia-camada, a sua parte de superfície, em relação a um volume (em relação ao meio-cubo) apresenta apenas 81 %, um cilindro vai então - 92 %, as pirâmides são 98 %, meio-cubo - 100 % e finalmente cubo - 105 %) etc.

Outro objetivo do edifício público ecológico é a manutenção ou modernização do edifício e o conforto do seu ambiente interno.

Por esta razão, muitas das mais recentes tecnologias aplicam-se suficientemente na construção de edifícios públicos ecológicos. Por exemplo, utilizar: baterias solares, turbinas eólicas e fermentadores, sistemas especiais de ventilação e recolha de águas pluviais, sistema de suporte de vida não agressivo para o ambiente, baixo nível de resíduos, que se consegue, refazendo e utilizando todos os tipos de resíduos, etc.

Até meados do século XX, "telhados verdes", "paredes verdes", "fachadas verdes" eram considerados coisas exóticas e a sua distribuição era bastante limitada. No entanto, no nosso tempo, a população urbanizada sentiu uma melancolia após a plantação de verde, cuja área, nas condições de um terreno municipal dispendioso, diminuiu catastroficamente depressa. Isso causou um agravamento da situação ecológica e a necessidade de aumentar a quantidade de verde nas cidades. Assim, a plantação total de vegetação tornou-se uma tarefa urgente. Neste período foram realizadas muitas experiências e pesquisas para definir os tipos necessários de materiais para telhados, materiais anticorrosivos, sistemas de drenagem, sílabas de camadas férteis e outros. A intensidade das pesquisas e as aplicações dos "telhados verdes" reduziram os volumes de águas pluviais que chegam à rede de esgotos e melhoraram a composição do ar nas cidades.

Ecologicamente, o planeamento adequado prevê a criação de uma conceção ecológica geral do planeamento da construção e da exploração deste tipo de construção. Por isso, é necessário aprender as condições prévias e os princípios básicos da formação de decisões de planeamento de casas ecológicas públicas para a criação de decisões perfeitas de ambiente arquitetónico ecológico.

Muitos países desenvolvidos utilizam a construção ecológica de acordo com os padrões modernos de segurança ecológica e economia, com a utilização de tecnologias inovadoras. Para que a Ucrânia se junte a este processo, é necessário decidir muitas tarefas estratégicas, por exemplo, criar normas ecológicas para o planeamento da construção de todos os tipos de edifícios públicos na Ucrânia.

A distribuição de edifícios ecológicos na construção das cidades da Ucrânia desempenha um papel importante na redução da carga sobre a biosfera e constitui uma direção estrategicamente importante para o seu desenvolvimento futuro.

VIAS DE DESENVOLVIMENTO EKO-ARQUITECTURAEDIFÍCIOS PÚBLICOS

A ciência ecológica moderna encontrou na arquitetura a sua mais interessante concretização: este eko-edifício, eko-arquitetura.

Não existe uma determinação clara do termo "arquitetura de acco", porque nesta indústria os desenvolvimentos surgem imediatamente em algumas direcções. Em primeiro lugar, trata-se da utilização de materiais que não prejudicam o ambiente nem durante a produção nem no processo de exploração e utilização posterior. Em segundo lugar, é um problema de economia de energia: porque os meios de energia aumentam de preço, e a possibilidade de reservar energia para o edifício (ou energia de autossuficiência) já não é valorizada.

Engenharia ambiental - uma prática de construção e exploração de edifícios, que visa reduzir os danos para o ambiente (natureza) ao longo do ciclo de vida do edifício, seleção do local para a conceção, construção, exploração, reparação e desgaste, e redução do consumo de energia e de recursos materiais.

Outro objetivo é a construção de eco-manutenção ou melhoria da qualidade dos edifícios e do conforto do seu ambiente interno. Esta prática alarga e complementa os conceitos clássicos de conceção de edifícios: economia, utilidade, durabilidade e conforto.

O professor de Arquitetura da Universidade do Arizona, Harvey Brian, considera que o ganho material na Arquitetura Sustentável é algo relativo, sendo necessário determinar primeiro qual é o valor do edifício ecológico: "Os arquitectos têm de olhar para o edifício como um organismo biológico vivo e criá-lo imitando a natureza, não competindo com ela".

Construção ecológica moderna - um conhecimento abrangente das normas de conceção e construção estruturadas. O nível de desenvolvimento depende dos avanços da ciência e da tecnologia.

As normas de conceção ambiental - tserehlament viabilidade da construção moderna.

A Arquitetura Sustentável Moderna desenvolveu-se através de princípios específicos que definem as formas básicas do seu desenvolvimento. O primeiro é o princípio da poupança de energia e da utilização máxima de fontes de energia alternativas (solar, eólica, etc.).

Esta forma de desenvolvimento estipula o planeamento e a construção de edifícios de modo a reduzir ao mínimo a necessidade de gastar energia térmica no seu aquecimento ou, vice-versa, no seu arrefecimento.

Uma primeira tentativa foi a construção da escola do Santo de Heorhij, que em 1961 o arquiteto Emsli Morgan construiu na pequena cidade de Uollazi. Todas as salas de aula da escola foram desdobradas para sul e dotadas de enormes janelas com vidro duplo e, para que o sol não cegasse, foi aplicado o vidro especial dispersivo.

Este vidro é muito mais caro do que o normal, mas os cálculos mostraram que uma economia no aquecimento tinha recuperado esta diferença em poucos meses de outono.

A construção moderna, que recolhe e filtra a água da chuva e utiliza eficazmente a energia solar, pertence à forma da flor de calla (China). Este edifício no concurso internacional de design, que decorreu na China, atraiu a maior parte das atenções. Um edifício invulgar como uma flor de calla tornou-se vencedor devido a tecnologias inovadoras e à utilização de recursos naturais (Fig. 1.1). uma casa de 140 andares é totalmente autónoma: a estrutura do telhado permite recolher e filtrar a água da chuva, e os painéis solares são fornecidos pela energia de todos os inquilinos da casa.

Para arrefecer a casa, foram propostas fontes alternativas, como as turbinas eólicas.

Outra forma - o princípio dos recursos hídricos, a construção de cidades flutuantes. Um exemplo desta tendência é o arranha-céus subaquático de arquitetura ecológica "Water Scraper" (Fig. 1.2).

Fig. 1.1. Edifício de habitação com a forma de uma flor de calla (China)

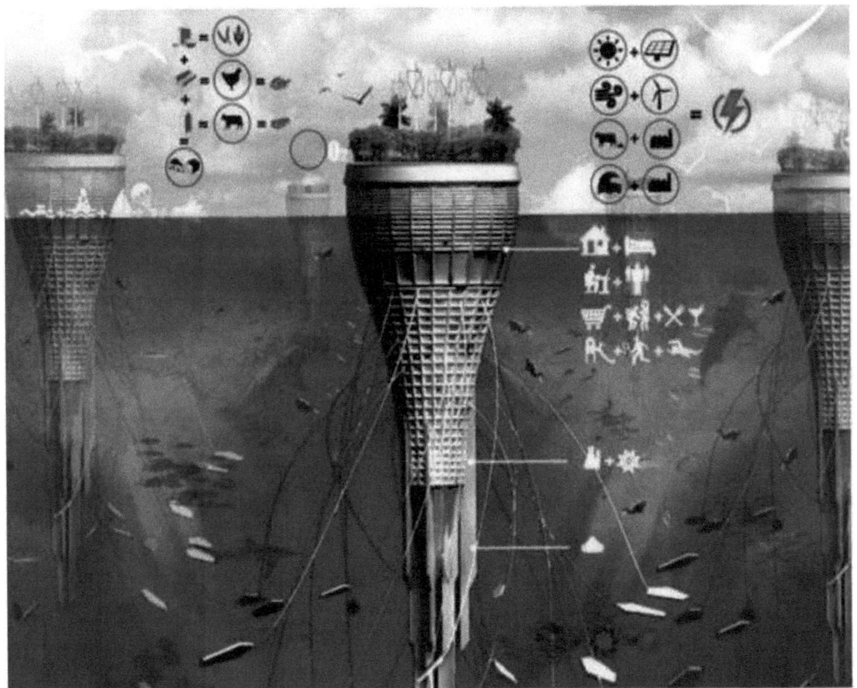

Fig. 1.2. Arranha-céus subaquático "Water Scraper" (Malásia)

Com a subida do nível do mar devido às alterações climáticas, as águas ameaçam as cidades costeiras de todo o mundo. Um arquiteto da Malásia propôs um "raspador de água". Esta arquitetura independente utiliza muitas tecnologias, como a acumulação de energia e o cultivo de alimentos.

A casa recolhe energia das ondas, do vento e da energia solar, uma cidade flutuante que utiliza métodos modernos de agricultura, incluindo aquacultura e técnicas hidropónicas para cultivar os seus próprios alimentos debaixo de água. Enquanto o sistema de "tentáculos" recolhe a energia cinética e suporta a estrutura verticalmente.

Um exemplo de eco-arquitetura para cidades amigas do ambiente pode ser o projeto Masdar City (Fig. 1.3). No deserto dos Emirados Árabes Unidos, a 17 km de Abu Dhabi, está a ser construída a primeira cidade amiga do ambiente. Painéis solares e colectores solares serão instalados no telhado, produzindo eletricidade suficiente para satisfazer as necessidades da maior parte da cidade. A torre de arrefecimento também serve de coluna de suporte do telhado. Estava previsto que toda a energia necessária fosse produzida na cidade, mas em 2010 os promotores anunciaram que iriam comprar a energia ao exterior.

Um dos princípios que exprimem as formas básicas da eco-arquitetura moderna é a construção de um abrigo subterrâneo. Esta configuração em particular representa a filosofia oriental, em que a fusão com o ambiente natural foi durante séculos o valor supremo.

O arquiteto catalão Javier Barba construiu uma área de construção subterrânea de apenas 220 metros quadrados. m (Fig. 1.4) na encosta de 20 centenas de partes, colocando praticamente a casa no meio da encosta de modo a que visualmente esta área permanecesse verde. Tive de recorrer a um reforço considerável de pilares de betão para suportar o telhado sobre um solo com uma espessura de 60 cm, coberto de erva, mas o princípio de conservação das áreas era a tarefa mais importante para o cliente.

Um exemplo desta forma de eco-arquitetura é uma casa subterrânea na aldeia de Wels (Fig. 1.5).

Praticamente toda a casa está dentro de uma colina (160 m2), e a sua fachada de vidro abre-se para um terraço (60 m2) com uma vista magnífica sobre os Alpes e os prados verdes. A entrada na casa pode ser não só a entrada principal, mas também um túnel subterrâneo que conduz do celeiro para a casa.

O material de construção principal é o betão; os painéis e as portas são de carvalho. A casa é fornecida com eletricidade gerada no reservatório hidroelétrico próximo. O conceito desta construção permite-lhe ter uma casa que se enquadra organicamente na paisagem natural.

Um exemplo de arquitetura ecológica desta forma pode também servir como um hotel subterrâneo em Xangai (Fig. 1.6).

Há vários anos, uma empresa de engenharia britânica "Atkins" ganhou o direito de projetar um hotel extravagante. Foi localizado em Xangai dentro de um desfiladeiro de 100 metros nas montanhas Tyanmashan.

A construção das instalações foi adiada durante muito tempo, mas em 2012, finalmente, começou a construção de um complexo hoteleiro chamado "Shanghai intercontinental wonderland".

A sua particularidade é o facto de 16 dos 19 andares do edifício terem sido "construídos" na mesma montanha, e três dos últimos subirem a montanha. Esta solução inovadora dará a impressão de que tem diante de si uma estrutura de três andares, em vez de um edifício de vários andares.

Uma das formas de construção ecológica moderna é a utilização de espaços verdes nos edifícios ("a selva sobre a casa"), e nos objectos arquitectónicos o botânico e designer Patrick Blanc, que trabalha no Centro de Investigação Francês, inventor do sistema de paredes de plantas "jardins verticais" (Vertical Garden System).

Fig. 1.3. Cidade de Masdar, Emirados Árabes Unidos

Fig. 1.4. Habitação subterrânea

Fig.1.5. Casa subterrânea w. Wale

Os sistemas de jardins suspensos - não são apenas hera ou trepadeiras que se enrolam na fachada, mas visam efetivamente jardins que crescem verticalmente (Fig. 1.7). Os sistemas de jardins suspensos adornam edifícios privados e públicos não só na casa do arquiteto, mas também noutros países.

O desenvolvimento do caminho na arquitetura ecológica pode servir como edifício ACROSFukuoka na cidade japonesa de Fukuoka (Fig. 1.8). Por um lado, parece um edifício de escritórios normal com paredes de vidro, por outro - um enorme telhado em socalcos que se assemelha a um parque. Os terraços ajardinados, que se elevam a 60 metros acima do nível do solo, incluem mais de 35 000 plantas.

O edifício foi erigido no local do último espaço verde no centro da cidade, pelo que os arquitectos criaram um design que permite poupar o máximo possível de espaços plantados. O telhado verde reduz o consumo de energia dos edifícios, mantendo uma temperatura constante, e também recolhe a água da chuva.

Um exemplo desta forma de arquitetura ecológica é também o projeto de uma "cidade verde" (Fig. 1 9).

A Cidade Verde é capaz de se abastecer de tudo o que é necessário (eletricidade, água, etc.) e utiliza principalmente fontes alternativas de eletricidade. Cada edifício, quer se trate de uma casa ou de um edifício de escritórios, contém em cada andar um terraço com vegetação, cuja rega será efectuada através de um sistema vertical especial.

A Cidade Verde é capaz de se abastecer de tudo o que é necessário (eletricidade, água, etc.) e utiliza principalmente fontes de energia alternativas. Cada edifício, seja uma casa ou um edifício de escritórios, contém em cada andar um terraço com vegetação, cuja rega será efectuada através de um sistema vertical especial.

A empresa coreana desenvolveu um projeto de conjunto de hotéis que será construído em Baku, capital do Azerbaijão. O complexo incluirá um hotel, feito em forma de meia-lua, e o hotel tem a forma de um disco com um buraco redondo no topo. A sua aparência muda consoante o ângulo a que se olha para esta obra-prima da arquitetura (Fig. 1.10).

Fig. 1.6. Hotel subterrâneo, Xangai

Fig. 1.7. O sistema "Jardins verticais"

Fig. 1.8. Edifício ACROS Fukuoka no Japão, c. Fukuoka

Fig. 1.9. Cidade verde

Fig. 1.10. Projeto de hotel "Lua Cheia" e "Meia Lua", c. Baku

Fig. 1.11. O projeto "Vénus

Fig. 1.12. O projeto "Cityinthesky" ("Cidade no Céu"), c. Londres

O projeto "City in the Sky" é um excelente exemplo de arquitetura ecológica ao longo do caminho. O projeto da arquiteta britânica originária da Bulgária, Tszvetana Toshkova CityintheSky ("Cidade no Céu") - uma amostra do futurismo na arquitetura (Fig. 1.11). Modelo 3D de uma cidade construída no futuro numa paisagem de Londres. A base do conceito é uma flor de lótus.

A ideia principal - criar no alto do céu, talvez até nas nuvens, um oásis onde a vida urbana de todas as pessoas cansadas pudesse encontrar abrigo e descansar do ruído, do stress e da agitação intermináveis.

A City in the Sky foi criada no âmbito do projeto Mega-tropolis, cujo objetivo era a implementação da "cidade desenvolvida do futuro".

Outro exemplo desta forma de arquitetura ecológica é o projeto "Vénus" - criar uma civilização sustentável (Fig. 1.12).

Para ajudar as pessoas a sobreviverem ao aquecimento global, à poluição do ar, da água e do solo e ao constante crescimento da população, cientistas, arquitectos e designers criam constantemente diferentes projectos de comunidades autónomas. Um dos projectos mais proeminentes é o projeto de Vénus.

A enorme cidade flutuante, segundo os criadores do projeto, vai andar à deriva na água, utilizando os recursos do oceano e tentando viver em harmonia com a natureza. Para abastecer este complexo energético, foram pensadas várias formas de obtenção de energia, nomeadamente a energia solar, eólica e das ondas.

No final, constatamos que: a utilização de inovações ecológicas na arquitetura é relevante para a atualidade e é o tema mais debatido entre os arquitectos. Vai ao encontro das necessidades actuais: uma selva urbana rodeada por todos os lados pelo ambiente de vida do homem, que o mata sem piedade na presença da natureza. Este problema é resolvido através da utilização da eco-arquitetura moderna.

O desenvolvimento futuro da arquitetura ecológica moderna interage entre si. Não é possível prever qual delas prevalecerá no futuro. A eco-arquitetura visa minimizar os efeitos negativos do impacto humano na natureza. As novas tecnologias de edifícios ecológicos estão constantemente a ser melhoradas *e o* principal objetivo é reduzir os efeitos nocivos do desenvolvimento no ambiente e na saúde humana.

QUESTÕES E TAREFAS DE CONTROLO

1. Qual é a atual eco-arquitetura, eco-construção?
2. Descrever um objetivo e uma tarefa da construção ecológica.
3. Definir os princípios ecológicos de base da formação da arquitetura de um edifício público.
4. Descrever as principais formas de desenvolvimento da arquitetura.
5. Quais são as características dos edifícios públicos de estilo ecológico?

Capítulo 2
PRINCÍPIOS ECOLÓGICOS DE FORMAÇÃO DA ARQUITECTURA DE ESCRITÓRIOS ADMINISTRATIVOS
CONSTRUÇÃO

Ambiente arquitetónico ecológico viável - nenhuma novidade no início do século XXI. Os benefícios da arquitetura ambiental reflectem-se não só no objetivo funcional, mas também na ausência de danos para a saúde humana e para o ambiente. A durabilidade e a fiabilidade são conseguidas através da aplicação correcta de tecnologias inovadoras e de fases de construção ecológica, e a beleza - harmonia com o ambiente natural, proporcionalidade e escalas, formas estéticas, materiais naturais e assim por diante. A disponibilidade económica da construção ecológica é uma das características destas tecnologias.

A teoria e a prática da arquitetura moderna mostram que a insuficiente consideração dos requisitos ambientais conduz inevitavelmente a uma deterioração das condições de trabalho, à destruição de estruturas, a perdas económicas significativas e muito mais. Assim, o critério para avaliar a qualidade da arquitetura moderna do edifício de escritórios administrativos é amigo do ambiente - os requisitos de conformidade mais importantes da construção da utilização sustentável dos recursos naturais e da proteção ambiental.

Hoje em dia, o mundo está a ganhar cada vez mais popularidade nos escritórios e edifícios administrativos ambientais. Os edifícios modernos estão saturados de espaço e enrolam-se num arranha-céus, ou fundem-se com a natureza.

O estudo dos problemas associados com a conceção e construção de edifícios administrativos e de escritórios cientistas envolvidos em tais como E. Grigoriev, G. Kuznetsov, J. Gibson e Vladimir Filin, Bulkova M. A., Bulkov K. V. e outros. A conceção, organização arquitetónica e espacial dos centros de negócios reflectida nas obras de V. Aleksashyna , B.M. Davidson, S.A. Dektereva, A. V. Krasheninnikov, J. W. Symonds, V.K. Litskevycha, K. Dey, A. Wilson, Georgina V., A. Feropontova , S. G. Shabieva.

Edifícios administrativos e de escritórios ambientais - um edifício com o desafio arquitetónico comum de criar um ambiente para escritórios (incluindo escritórios para pessoal administrativo) e organizações e instituições económicas e outras não estatais (públicas), concebido e construído com base em princípios ecológicos.

Edifício de tipo eco-escritório - uma casa concebida para realizar um número limitado de transacções comerciais e de consumo relacionadas com a distribuição e preservação de informações de dados, reuniões, acordos, publicidade e organização de exposições de arte, alojamento de empresas não residentes e prestação de uma variedade de serviços domésticos, desportivos, sanitários e outros serviços concebidos para a ekostandartamy.

Considere as características mais proeminentes dos edifícios administrativos - de escritórios construídos com tecnologias avançadas que não são apenas amostras ambientais, mas também decisões viriznyayutsya arhitekturnimi e inzhenernimi.

Por um dos primeiros arranha-céus ecológicos que inclui muitos escritórios deve incluir-se a construção da empresa suíça "Svez Re" em Londres, projectada por Norman Foster (2004) (Fig. 2.1). O projeto utilizou os princípios de construção de uma iluminação uniforme e ventilação natural (sem lâmpadas e aparelhos de ar condicionado). Em torno dos edifícios de tal altura (180 m), geralmente gerado fluxo de ar redemoinho, por isso coloca a pressão máxima sobre as paredes de um arranha-céu no nível superior de vidro duplo fez os buracos através dos quais a estrutura recebe ar fresco. Além disso, o movimento natural do ar em torno do edifício cria uma diferença de pressão constante através das fachadas, o que permite que o edifício ventile naturalmente, de modo que 40% do tempo o ar condicionado artificial pode ser desligado. Para melhorar a ventilação do edifício, entre cada piso foram criados espaços especiais por onde entra o ar.

Um exemplo notável de tendências ambientais no edifício de escritórios administrativos é um arranha-céus World Trade Business Center no c. Manama Bahrain "The Bahrain World Trade Center Towers", projeto Shana Kill, 2008, baseado na produção de energia através de geradores eólicos (Fig. 2.2). Três instalações eólicas de grande escala produzem até 1100 MW / h. A forma do arranha-céus também pode exprimir o fluxo das turbinas de ar, que são um elemento de design importante.

As tendências ambientais foram também utilizadas na construção de outro arranha-céus com edifícios administrativos e de escritórios, o "Taipei 101", propriedade da Taipei Financial Corporation (Fig. 2.3). Esforços Os proprietários dos edifícios e os arquitectos não falharam: em agosto de 2011, as suas realizações no domínio da eficiência ambiental e energética foram premiadas com um sistema de certificação internacional para edifícios ecológicos. No núcleo das estruturas - vidro, alumínio e aço. De acordo com os especialistas, este é um dos arranha-céus modernos mais fiáveis. As paredes são suportadas por 380 pilares de betão, o que permite que toda a estrutura ofereça a máxima resistência enterrada 80 metros no solo. A resistência sísmica do arranha-céus "verde" é assegurada por uma esfera de aço especial de 660 toneladas colocada entre os 87 e os 91 andares.

Outro exemplo das tendências ecológicas que moldam a arquitetura da torre dos edifícios de escritórios administrativos é a chamada "Hearst Tower", que é a sede da famosa editora, que publica as revistas "Esquire" e "Cosmopolitan", construída no coração de Nova Iorque.

Segurança e elevada poupança de energia. A "Hearst Tower" tem 46 pisos, que albergam 80 mil m2 de escritórios (Fig. 2.4).

A caraterística do projeto é que o edifício tem uma estrutura triangular especial que permite poupar até 20% de material em comparação com a estrutura de aço clássica. No telhado de um arranha-céus instalado para recolher a água da chuva, que vai depois para o sistema de tubos no tanque, instalado na cave. Esta água é utilizada para fontes, rega de plantas e sistema de arrefecimento. Ordem de 90% utilizada na construção de metal contendo materiais reciclados (ou seja, construção baseada principalmente na reciclagem de materiais secundários).

Fig. 2.1. Svez Re , Londres

Fig. 2.2. Arranha-céus de um centro de negócios na cidade. Manama , Bahrein

Fig. 2.3. Arranha-céus em Taipei, República da China

Os criadores orgulham-se do facto de todos os materiais utilizados na construção e processamento dos interiores não serem tóxicos e serem totalmente seguros para a saúde humana e para o ambiente.

Átrio "Hearst Tower" (Fig. 2.5) construído em pedra calcária, que tem uma elevada condutividade térmica. No chão estão montados tubos de plástico especiais com água, proporcionando um arrefecimento rápido dos edifícios no verão e aquecimento no inverno substituto.

De um modo geral, este arranha-céus foi concebido de forma a utilizar no seu funcionamento menos 26% de energia do que os requisitos mínimos actuais para Nova Iorque. Há um sistema de poupança de energia baseado no aproveitamento máximo da luz solar durante o dia, nas enormes janelas instaladas e no sistema de sensores que regulam automaticamente o ligar/desligar da iluminação artificial. Vidros quadrados com mais de um quilómetro. Cada painel de vidro tem uma altura de quatro andares. É claro que não se trata de um simples vidro, mas sim de um vidro blindado, que possui um revestimento especial que transmite a luz, mas reflecte a radiação infravermelha invisível.

Edifício "Bank of America Tower" também adequadamente incluído na lista de único mundo ekobudivel, este projeto inclui cerca de 10 soluções inovadoras para reduzir o impacto sobre a natureza (Fig. 2.6). Por exemplo, a fundação feita de betão com 55% de teor de cinzas, que é o resíduo da indústria. Para além de ser um material barato que não é inferior às propriedades clássicas do cimento, é também ecológico. Para a sua produção não necessita de combustão de oxigénio, e por isso não entra na atmosfera o excesso de dióxido de carbono. As janelas altas, que proporcionam iluminação natural com regulação automática da intensidade luminosa, permitem não só poupar energia, mas também trabalhar com luz natural. Existem sensores especiais que determinam o nível de dióxido de carbono no ar. Ao atingir o nível crítico, é automaticamente acionado o sistema de ventilação que fornece ar fresco. O edifício tem também um moderno sistema de purificação do ar - filtros especiais removem poeiras, gases e outras substâncias perigosas.

Um exemplo igualmente importante da aplicação da tecnologia ecológica foi o centro de negócios chinês "Pearl River Tower". (Fig. 2.7). A torre, com uma altura de 310 m, foi projectada por engenheiros americanos utilizando os mais avançados desenvolvimentos ambientais.

Uma caraterística distintiva deste edifício é o facto de ser completamente autónomo e muito autossuficiente em termos energéticos. Este é o primeiro edifício do mundo onde foram instaladas turbinas eólicas no seu interior. Para o efeito, foi dotado de dois pisos técnicos.

O ar é alimentado à planta através dos orifícios da fachada. A fachada também produz energia através de painéis foto-eléctricos. As janelas especiais não só armazenam energia, como também protegem o próprio edifício do sobreaquecimento no interior do edifício, criando condições favoráveis e poupando energia para o ar condicionado. As persianas das janelas são muito específicas: alteram automaticamente o seu ângulo para proporcionar uma cobertura óptima ao longo do dia.

O projeto prevê um sistema de arrefecimento do pavimento - tubos especiais com fluxo de água fria, que proporcionam um rápido ar condicionado nos quartos. A água para o sistema provém do telhado, que estabeleceu colecções especiais para as águas pluviais.

A "Torre do Rio das Pérolas" não só apresenta inovações ambientais de ponta, como também um design único. O edifício foi construído sob a forma de uma enorme vela, tem uma excelente estabilidade e pode resistir a um grande terramoto.

Existem certos princípios de conceção e de construção ecológica dos edifícios administrativos e de escritórios (Fig. 2.8). Note-se que estes princípios são comuns a todos os tipos de edifícios de utilização pública.

Fig. 2.4. Torre Hearst, Nova Iorque, EUA

Fig. 2.5. Átrio da Hearst Tower, Nova Iorque, EUA

Fig. 2.6. Torre do Bank of America, Nova Iorque, EUA

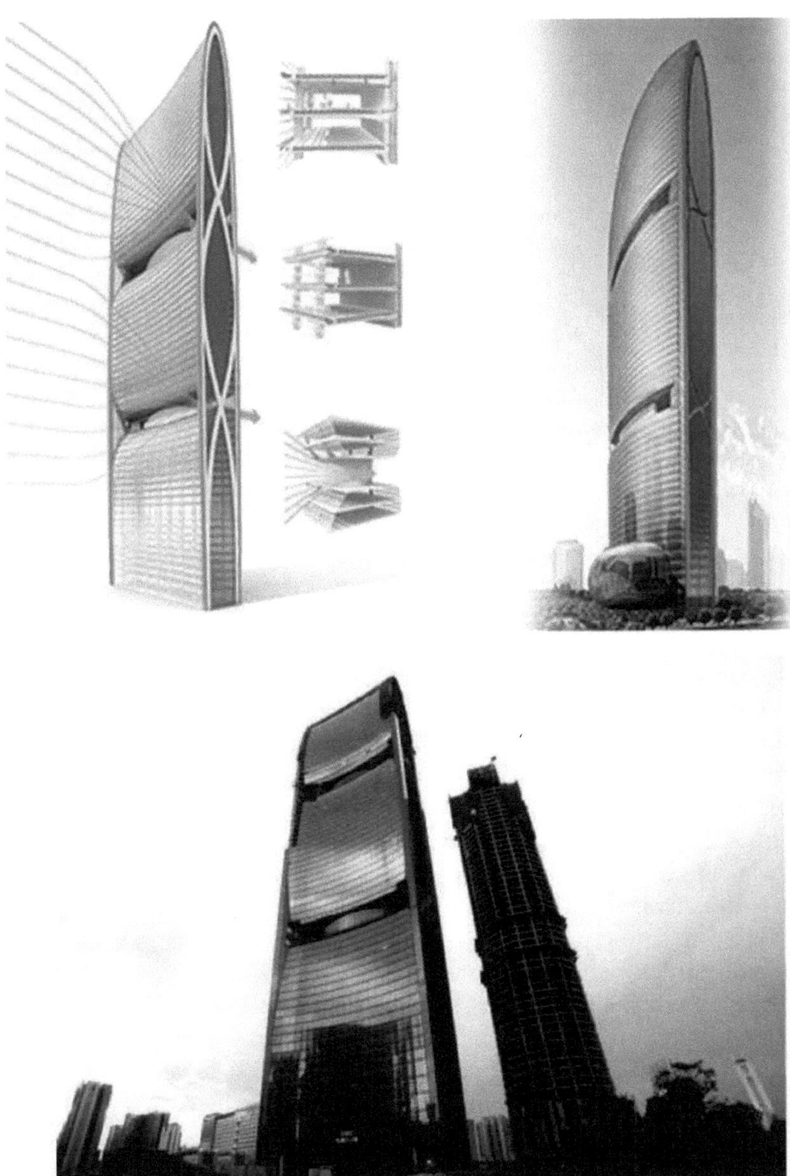

Fig. 2.7. Edifício do centro de negócios "Pearl River Tower"

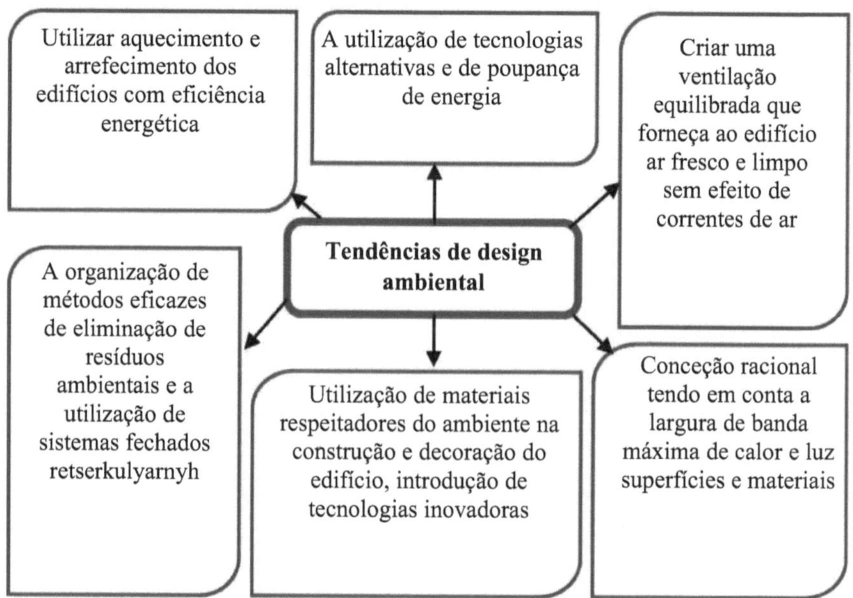

Fig. 2.8. Princípios de conceção ecológica de
edifícios administrativos e de escritórios

De acordo com os especialistas, atualmente na Ucrânia existem todos os pré-requisitos para o desenvolvimento da construção ecológica deste tipo de estruturas. É por isso que, nos últimos anos, se têm desenvolvido e implementado projectos deste tipo. Se os primeiros edifícios ecológicos foram construídos principalmente por engenheiros de projeto ocidentais, agora os peritos nacionais estão ativamente envolvidos neste processo e oferecem as suas ideias.

O desenvolvimento da ecologia para a construção de edifícios administrativos e de escritórios na Ucrânia contribui para o rápido crescimento da procura de edifícios amigos do ambiente.

Para as empresas de construção, estimular a construção de edifícios comerciais é poupar recursos ambientais na construção e funcionamento dos edifícios.

No entanto, há uma série de factores limitativos. Os promotores ucranianos notam que a introdução ativa da tecnologia ecológica impede a falta de regulamentação adequada para regular a indústria. Para além da necessária consolidação e alinhamento das normas ambientais nacionais e internacionais no sector da construção.

De acordo com os principais peritos ocidentais, a Ucrânia, ao aplicar as tecnologias ambientais de construção, não só terá benefícios normais, como a redução do consumo de energia, a conservação dos recursos e a redução dos efeitos nocivos para o ambiente, mas também o crescimento natural da economia, através do aumento da produção industrial e da introdução de tecnologias inovadoras.

QUESTÕES E TAREFAS DE CONTROLO

1. Definir a expressão "edifício ambiental do tipo escritório administrativo".
2. Dar exemplos dos resultados mais significativos de edifícios administrativos e de escritórios construídos com recurso a tecnologias ecológicas.
3. Quais são os princípios fundamentais da conceção ecológica dos edifícios administrativos e de escritórios?
4. Quais são os benefícios da utilização de princípios de conceção ecológica de tais instalações na Ucrânia?

Capítulo 3
CARACTERÍSTICAS DA FORMAÇÃO DA ARQUITECTURA AMBIENTAL DAS INSTITUIÇÕES CULTURAIS E EDUCATIVAS

A construção ecológica moderna desenvolve-se no âmbito de uma revisão radical das estratégias e da mudança dos valores morais da sociedade e é determinada por factores que criam uma abordagem de conceção radicalmente nova à conceção ambiental e à construção de instituições culturais e educativas. Isto porque, hoje em dia, o edifício ecológico não é apenas um meio de formar determinados objectos, mas também um instrumento para ordenar o mundo.

Os princípios de conceção de um edifício ecológico são um processo extremamente complexo e multifacetado, pois requer um conhecimento ambiental profundo, a síntese de diferentes áreas científicas, o rácio de eficiência ecológica, factores funcionais e estéticos.

A tendência ecológica na construção colocou uma nova questão sobre a importância dos factores naturais na formação do ambiente espacial-objeto, porque mostra novas possibilidades criativas no domínio da construção ecológica e muda toda a perspetiva do arquiteto.

Hoje em dia, os especialistas que se ocupam da formação de instituições culturais e educativas de arquitetura ecológica têm duas tarefas principais: criar uma elevada qualidade de vida e também fornecer edifícios ecológicos, reduzir a poluição e alcançar o equilíbrio ecológico entre a arquitetura e a natureza.

A teoria de base da projeção de instituições culturais e educativas colocou a obra de autores estrangeiros: D. Gosling, N. Beddinhtona e outros. Juntamente com eles, há muitas obras de autores locais que consideraram vários aspectos da conceção, construção e projeto deste tipo de estruturas: S.B. Mosaic, M.T. Lin, E.B. Novikov, A. Miroshkin, Y.Zemtsov, A.G. Tokmadzhyan outros, mas aqui consideramos apenas as características ambientais da formação deste tipo de estruturas.

Instituições ambientais, culturais e educativas - um edifício ou complexo destinado à concentração, valorização e promoção da vida de certos valores, tradições e práticas que se encontram na cultura e na arte. As instituições culturais e educativas podem existir no âmbito das associações comunitárias artísticas e das iniciativas privadas concebidas tendo em conta as características de conceção ambiental das instituições culturais e educativas.

A chave nos objectos de design ecológico das instituições culturais e educativas leva a uma análise cuidadosa de cada solução prática para o cumprimento do objeto dos requisitos ambientais, sociais, informativos e ergonómicos, do processo funcional e tecnológico, dos parâmetros técnicos e económicos e do modelo artístico coerente. Esta abordagem baseia-se na formação e aplicação das tecnologias da informação, na teoria ambiental do pensamento concetual e na psicologia ambiental para o ambiente, nos conceitos de desenvolvimento sustentável e nas ideias da estética moderna.

Um exemplo notável de princípios de arquitetura ecológica que formam instituições culturais e educativas pode ser o projeto do museu, concebido por Zaha Hadid, juntamente com o famoso alpinista Reinhold Messner (Fig. 3.1).

O edifício do museu situa-se no topo de uma colina, na Krohn-Platz, em Itália. A arquiteta Zaha Hadid criou uma estrutura orgânica de arquitetura futurista na paisagem montanhosa sem a perturbar pervozdannosti. As coberturas monolíticas de betão do edifício ecoaram com os contornos das rochas e blocos de gelo que podem ser vistos nos arredores, que se assemelham a quedas de água no rio da montanha, ligando o espaço de exposição em três níveis. O edifício está quase totalmente embutido no corpo da montanha, mesmo por cima da sua entrada, com uma cobertura erguida para a frente, que se assemelha a um pedaço de gelo. As características da estrutura e a utilização de tecnologias inovadoras permitem manter uma temperatura constante no interior e fornecer instalações bioklimatych- nist. O edifício foi criado a partir de betão, que devido ao revestimento de compósitos de polímeros reforçados e outros perde o seu aspeto volumoso inerente.

O edifício único do Centro Espacial Heydar Aliyev (Azerbaijão) (Fig. 3.2), tal como todos os edifícios de Zaha Hadid, quase não tem linhas rectas. O circuito aerodinâmico e ondulante procura ao mesmo tempo construir e unir-se à terra, simbolizando a harmonia e o infinito.

O enorme complexo ecológico construído em Baku com recurso a tecnologia inovadora inclui uma sala de concertos, um museu, centros de exposições e outros espaços, decorados num estilo futurista.

O edifício é composto por paredes de vidro transparentes, tanto no exterior como no interior, o que reduz ao mínimo a necessidade de luz artificial. Os arquitectos privilegiaram a utilização de materiais de construção e de revestimento naturais. Tendo em conta o forte fator de poluição atmosférica proveniente das empresas produtoras e refinadoras de petróleo próximas, utilizaram plástico reforçado com fibra de vidro (PRFV), que tem propriedades repulsivas da sujidade.

Um exemplo notável de arquitetura ecológica de instituições culturais e educativas é uma biblioteca na aldeia de Huayzhou (China). É um "livro-igreja" ecológico espantoso, como a velha fortaleza de madeira (Fig. 3.3). Concebida pelo professor de arquitetura da Universidade de Tsinghua, Li Xiaodong, a biblioteca de design ambiental é constituída por vidro e 45 000 caixilhos e varas de madeira. No interior da biblioteca não há mesas nem cadeiras - as estantes são inseridas em vários terraços. Nas prateleiras há tapetes onde se pode sentar e ler um livro no local.

O edifício da biblioteca não está electrificado, pelo que a única luz natural que existe é a do telhado transparente revestido com varas de madeira.

Um dos projectos é a eco-biblioteca de Pargue, Espanha (Fig. 3.4), construída em 2007, desenhada por Giancarlo Mazanti. Graças ao design invulgar da nova biblioteca de Medellín, esta faz lembrar enormes rochas. Dentro destas rochas poliedros centro cultural, numerosas salas de leitura, modernos laboratórios de informática, concebidos utilizando tecnologia inovadora e sistemas retsyrkulyarnyh. Para construir a biblioteca foram demolidas favelas nas encostas perto de Medellin, a cidade e levantou três ciência granito. O edifício ecológico é composto por

Fig. 3.1. Museu de Reinhold Messner, Tirol do Norte, Itália

Fig. 3.3. Biblioteca na aldeia de Huayzhou, China

Fig. 3.4. Biblioteca Parque, Espanha

de três edifícios ligados no primeiro andar de estruturas rectilíneas de vidro e betão. Num dos casos existe um centro comunitário, noutro - uma biblioteca, e no terceiro - um auditório. As caixas têm um aspeto monumental e assemelham-se a diamantes negros em bruto. Este design de betão armado encerrado numa fina "concha" de aço, forrada com lajes de pedra de cores diferentes. As janelas dos edifícios estão agrupadas horizontalmente. A luz do dia penetra através de lanternas de luz colocadas ao longo do perímetro do telhado.

O novo edifício da Universidade Politécnica de Hong Kong (Fig. 3.5), da arquiteta Zaha Hadid, tem 15 andares e foi concebido com recurso a tecnologias inovadoras para garantir a sustentabilidade ambiental e para a formação de 1 800 estudantes e professores. O nome do novo edifício significa "Torre da inovação". Disponibiliza espaços laboratoriais e oficinais, estúdio de design, espaço de exposições, plateia multifuncional, zona de convívio geral e sala de produção para 300 lugares sentados. Estas instalações complementam os campos interiores e exteriores, situados em diferentes níveis.

Em conjunto, incentivam os estudantes e os professores de diferentes especialidades a trabalhar de forma produtiva, a comunicar e a colaborar.

A fachada do edifício eco é parcialmente revestida com painéis de alumínio e parcialmente envidraçada. A estrutura de um sistema de ventilação eficaz é o sensor de conteúdo no ar, CO2, cuja presença permitiu controlar o volume de ar fresco que entra na sala de habitação. A composição arquitetónica do edifício e a fluidez de diferentes bezshovnistyu que, mais uma vez, representa o desenvolvimento dinâmico das descobertas existentes e futuras, como um todo, causam um enorme impacto visual. O edifício funde-se com o ambiente. A visibilidade e a dialógica afectam a perceção emocional da imagem do edifício ecológico, que é depois transferida para a atitude em relação ao ambiente arquitetónico ecológico. Teoricamente, a qualidade da imagem arquitetónica e artística é determinada pela força do seu impacto emocional.

A sala de concertos com o nome de Walt Disney - o edifício mais moderno, concebido pelo arquiteto de renome Frank Gehry, situa-se em Los Angeles (Fig. 3.6). É um símbolo da cidade e a sua principal atração pam'yatkoyu. Pobudovana em estilo de alta tecnologia, a superfície curva e ondulante da moldura confere ao edifício uma vista fantástica. Este é um conjunto único de formas de volume e tamanho diferentes que parecem monolíticas. Não menos impressionante e concebido para um auditório de 2.265 lugares, concebido com recurso a tecnologias inovadoras que combinam a utilização de materiais naturais e um design original. As paredes e o chão, com acabamentos em pinho dourado e carvalho, e o teto tem uma forma ondulada zahoplennya. As tecnologias inovadoras da Zastosuvannya fornecem instalações bioklimatychnist. O sistema de ventilação eficaz permite aos espectadores respirar ar fresco, mesmo quando o salão transborda.

O design ecológico é a capacidade de ver a proximidade entre a arquitetura e a natureza, a fachada do edifício como um relevo contínuo e a forma do ambiente. O projeto no jardim de infância de Sihhartsteyne (Áustria) (Fig. 3.7) reproduziu a integração do espaço e da natureza no planetário Budivlya em Valência (Espanha) (Fig. 3.8), concebido pelo proeminente arquiteto Calatrava sob a forma de um olho humano gigante, virado para o espaço, cuja metade inferior parecia escondida sob a superfície da água da piscina de 24 mil metros quadrados.

É porque a piscina é criada e concebida por Calatrava "efeito especial arquitetónico": um hemisfério torna-se uma esfera, e metade de um olho - um olho real, mas apenas à noite, quando a iluminação artificial é um verdadeiro planetário combinado com o seu próprio reflexo na água. As formas dinâmicas baseiam-se em cálculos matemáticos precisos. O betão armado à base de compostos poliméricos confere ao edifício leveza e dinamismo.

Fig. 3.5. O novo edifício da Universidade Politécnica, Hong Kong

Fig. 3.6. Sala de concertos com o nome de Walt Disney

Fig. 3.7. Jardim de infância Sihhartsteyne na Áustria

Fig. 3.8. Construção de um planetário em Valência, Espanha

As complicações funcionais e de planeamento das instituições culturais e educativas e as novas opções para o seu conteúdo substantivo exigem um estudo especial dos princípios de conceção dos sítios "universais" e o desenvolvimento de estratégias flexíveis para a sua formação e funcionamento como um elemento especial do estilo de vida no espaço público ecológico moderno. Estas características são típicas da realização de funções culturais e educativas nas principais cidades do mundo. As mudanças tecnológicas, o estilo de vida moderno e as mudanças sociais na sociedade transformam o espaço arquitetónico no ambiente ecológico com características socioculturais, emocionais e psicológicas adicionais, levando ao surgimento e implementação de novas ideias e conceitos arquitectónicos e de design deste tipo de edifícios.

Assim, são as seguintes as características ambientais da formação da arquitetura das instituições culturais e educativas (Fig. 3.9).

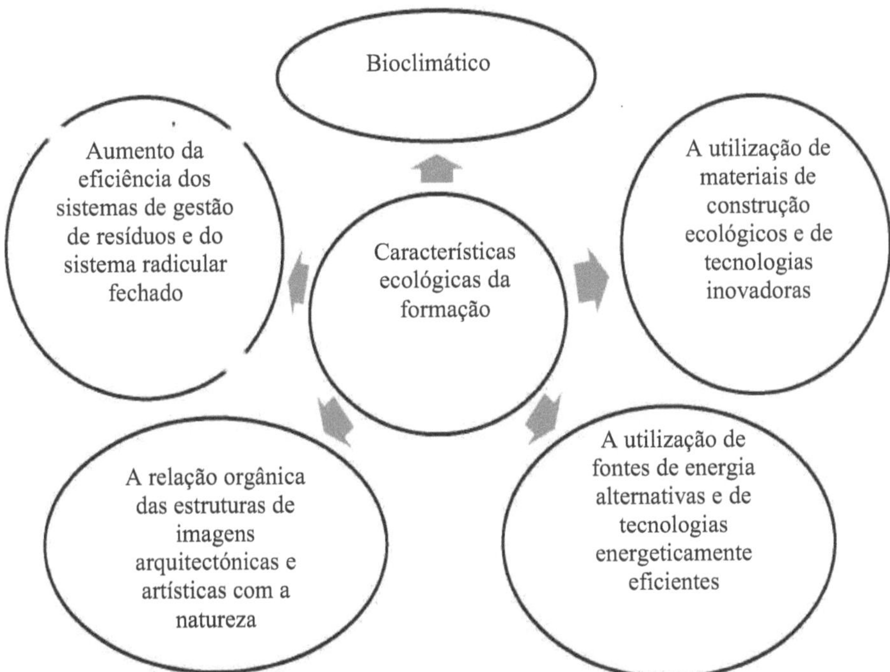

A prática mostra um nível bastante elevado de construção ecológica de instituições culturais e educacionais svitu.Tradytsiyne construção ucraniana não pode ser descrito como usando uma prática de construção particular. Na arquitetura tradicional ucraniana presente em quase todo o mundo conhecido técnicas de construção e abordagens, exceto, talvez a construção de casas de neve, típico dos povos do Ártico. Esta é uma grande variedade de condições climáticas e construção rica em recursos disponíveis na Ucrânia, que por sua vez cria um alto grau de diversidade de construção. No nosso país existem todos os pré-requisitos para o desenvolvimento da construção ecológica, mas a maioria dos projectos continua por implementar. A falta de regulamentação, de normas e de capacidade impede o desenvolvimento da construção ecológica.

QUESTÕES E TAREFAS DE CONTROLO

1. Definir o termo "instituições ambientais, culturais e educativas".
2. Que factores influenciam o desenvolvimento de instituições culturais e educativas de ecoconstrução?
3. Dar exemplos de princípios ecológicos na arquitetura de instituições culturais e educativas.
4. O que afecta a perceção emocional da imagem de uma instituição ecológica, cultural e educativa?

Capítulo 4
PRINCÍPIOS ORIENTADORES DA FORMAÇÃO DA ARQUITECTURA DO COMÉRCIO ECOLÓGICO
COMPLEXOS DE ENTRETENIMENTO

Centro comercial - uma nova forma do sector dos serviços, que hoje em dia está a substituir gradualmente o comércio de opções tradicional das "grandes" cidades. Nos últimos anos, muito mudou não só o seu conteúdo, forma, mas também a base para a formação de tais estruturas. Tornaram-se mais diversificadas em termos de estrutura funcional e aparência, e mais respeitadoras do ambiente.

A arquitetura ecológica no mundo cresce gradualmente e combina muitas técnicas. Trata-se dos primeiros edifícios a reduzir o consumo de energia, a melhorar a qualidade ambiental e os espaços interiores e a utilizar os mais recentes materiais amigos do ambiente e as mais recentes tecnologias.

Os padrões de atividade ecológica e arquitetónica no mundo conduzem também à necessidade de uma abordagem alternativa na abordagem do espaço arquitetónico para melhorar os centros de comércio e entretenimento, utilizando princípios ambientais nas suas decisões de planeamento do espaço.

Historicamente, o formato do centro comercial tem sido objeto de uma atenção especial por parte do sector imobiliário, a quem as expectativas estão associadas a elevados padrões ambientais. Mas já é claro que muitos promotores europeus e ucranianos características ecológicas centros comerciais desempenham um papel significativo, uma vez que a sua presença pode afetar o valor das taxas de aluguer, custos operacionais e atendimento do objeto.

Por isso, aqui consideramos os problemas ambientais da formação do ambiente arquitetónico dos centros de comércio e entretenimento, bem como os princípios da organização tridimensional dos complexos de comércio e entretenimento por motivos ambientais, o funcionamento de tais instalações; os seus princípios e questões de zonamento que realizam os requisitos funcionais e estéticos das instalações ecológicas no processo de decisões arquitectónicas e artísticas.

Atualmente, o centro comercial é um tipo especial de mega entidade. Esta "cidade" comercial interior, com vários níveis, destina-se a servir os interesses práticos e espirituais da pessoa, é uma espécie de centro da cultura de consumo e encarna a resposta do ambiente urbano às exigências dos estilos de vida modernos (Fig. 4.1.).

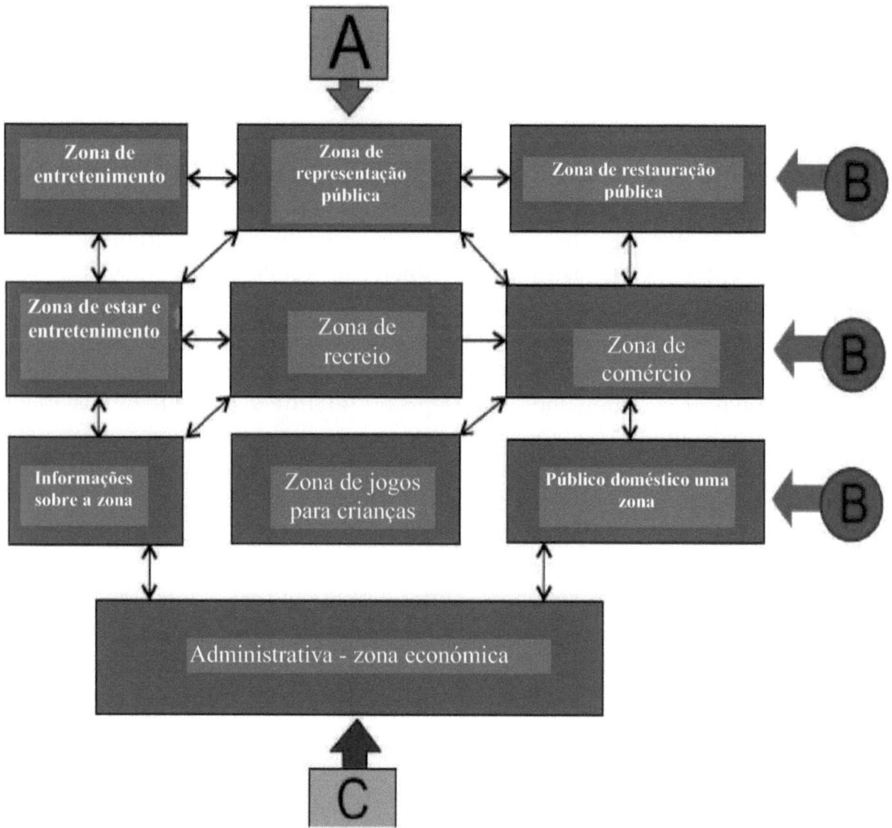

Fig. 4.1. Gráfico do zonamento funcional dos apartamentos do complexo de comércio e lazer (A - entrada principal, B - entrada secundária, lateral C - entrada de serviço)

As soluções ambientais de organização arquitetónica do espaço deste tipo de objectos gerem fluxos de tráfego de clientes e turistas, formas personalizadas e diferenciadas de zonas de proteção individual do consumidor e proporcionam a dinâmica das suas transformações funcionais e estéticas, criando o ambiente para os visitantes.

Normalmente, os centros de comércio e entretenimento consomem uma quantidade significativa de energia no funcionamento dos edifícios. Em primeiro lugar, a energia utilizada para o aquecimento, a refrigeração, a ventilação e a iluminação, bem como para o equipamento mecânico que permite o movimento vertical e o funcionamento dos sistemas de segurança, entre outros. Por conseguinte, é importante escolher um sistema eficaz de caldeiras de aquecimento e elementos de aquecimento, dispositivos de regulação, que devem proporcionar a oportunidade de adaptar o sistema de funcionamento às alterações das condições climatéricas externas e às condições de utilização do espaço interior. Este sistema de controlo pode variar entre simples temporizadores programados para modular os dispositivos de proteção solar e a iluminação artificial interna, sensores ajustáveis de chuva e vento que optimizam e regulam a abertura das condutas de ventilação, etc. Nalguns casos, as fontes de energia alternativas: solar, eólica, etc.

Desde o início e durante o funcionamento dos centros de comércio e de espectáculos são "geradores" de uma grande variedade de resíduos, resíduos de construção, de transporte, ou de embalagens de consumo, resíduos alimentares, etc. Falando de medidas sérias, é de referir a instalação de um sistema eficaz de gestão de resíduos. E um sistema concebido para melhorar a eficiência da utilização da água.

A amostragem da conceção e construção de tais estruturas demonstrou que a adesão aos princípios da construção ecológica pode reduzir o consumo de energia no funcionamento de tais instalações em, pelo menos, 25% e o consumo de água em 30%. A Alemanha construiu centros comerciais ambientais com consumo zero de energia, zero emissões de CO2 e zero resíduos - a chamada arquitetura dos três zeros.

Um exemplo notável de complexo ecológico de comércio-entretenimento pode ser o City Square Mall (Singapura) (Fig. 4.2).

Cerca de 5% de todas as despesas de construção destinaram-se a equipar o edifício com inovações ecológicas - a primeira fase do City Square Mall foi concetualmente planeada como um projeto ambientalmente sustentável.

Para reduzir o consumo de energia de uma análise da eficiência do sombreamento e do isolamento das paredes; utilização de vidros duplos de alto desempenho para reduzir o calor; utilização de um sistema de ar condicionado de alto desempenho; esquema de zonagem aplicável à iluminação e iluminação alternativa das áreas comuns, instalação de detectores de movimento nas casas de banho e nas escadas; montagem de sensores de movimento no parque de estacionamento na cave; criação de um telhado ecológico com painéis solares e oportunidades de recolha de água; instalação de elevadores e escadas rolantes energeticamente eficientes.

Fig. 4.2. Centro comercial City Square, Singapura

Para reduzir o consumo de água, foram introduzidas as seguintes medidas: recolha de água da chuva para irrigação de plantas, "Eco-toilets" - urinóis sem água, contadores de água para monitorizar o consumo de água e deteção de fugas.

Outras inovações na conceção do centro ecológico incluem: paisagismo interior, implementação de sistemas de triagem e gestão de resíduos, instalação de pluviómetros para a irrigação da paisagem; lugares de estacionamento organizados e estações de carregamento para veículos eléctricos e híbridos, esculturas temáticas e gráficos para aumentar a sensibilização do público para a proteção do ambiente.

Estes princípios de conceção ecológica foram utilizados com êxito em muitos outros centros comerciais ambientais. Trata-se, em primeiro lugar, de um complexo comercial e de entretenimento "Khan Shatyr" (Fig. 4.3) em Astana. Este complexo único, que combina as realizações mais arrojadas da arquitetura moderna e do ambiente inzheneriyi. A base da "Tenda do Khan" é a ideia de uma das sete maravilhas do mundo, os Jardins Suspensos da Babilónia. O edifício original é uma tenda gigante, concebida com uma rede de cabos de aço, que são revestidos com películas transparentes de ETFE. A película de ETFE é utilizada em vez do vidro arquitetónico porque é metade do preço e muito mais fácil. Tem boas propriedades de isolamento e deixa passar muito mais luz ultravioleta do que o vidro comum, o que é especialmente importante para a criação de estufas ou jardins de inverno. Devido à sua composição química especial, protege o espaço interior de mudanças bruscas de temperatura, criando assim um microclima confortável no interior do complexo.

O conceito arquitetónico foi desenvolvido por um arquiteto britânico de renome, Norman Foz Terom, e enviado para combater o clima rigoroso. No centro comercial existem algumas zonas de paisagem natural. Há muitos espaços verdes e muita luz, criando condições confortáveis para a estadia dos visitantes.

Um bom representante de um centro comercial ecológico, que gostaria de citar como exemplo, é o centro de ION Orchard (Fig. 4.4). O centro de Tvortsi cuidou não só de pontos de venda, restaurantes, mas também de agradar aos olhos através de uma fachada e de paisagens incríveis. Com a primeira fase do Orchard foi concetualmente planeado como um projeto ecológico. Cerca de 5% dos custos de construção foram destinados a equipar o edifício de inovações "verdes". A empresa Benoy fez com que a água da chuva se acumulasse em tanques no telhado, utilizados para irrigação e ar condicionado, e a maior parte do metal foi reciclada.

Fig . 4.3. Centro de comércio e entretenimento " Khan Shatyr " c. Astana

Fig. 4.4. Centro de comércio e entretenimento *IONOrchard*

Fig. 4.5. Centro de comércio e entretenimento Star Vista

Um exemplo notável de complexo ecológico de comércio-entretenimento é o moderno centro comercial e de entretenimento "Star Vista" (Fig. 4.5), que foi construído em Singapura pelo famoso arquiteto americano Andrew Bromberg. Distingue-se de muitos outros pela presença de uma sala de concertos de cinco milésimos nos pisos superiores, cujo peso se baseia nas colunas decorativas. Também na conceção do complexo foi utilizada tecnologia inovadora Ventilação natural - o edifício não tem ar condicionado. Devido à sua versatilidade, o "Star Vista" atraiu a atenção de muitas pessoas em todo o mundo.

Também hoje se pode dizer com segurança sobre a lista de tendências ambientais professadas por muitos arquitectos modernos, que são a verdadeira base das suas práticas criativas em colaboração com engenheiros, ecologistas e muitos outros especialistas. Entre os princípios que caracterizam os complexos de comércio-entretenimento ambientais, contam-se: eficiência energética dos edifícios durante a construção, funcionamento e reciclagem dos materiais de construção, gestão da água, fontes de energia alternativas e tecnologias inovadoras, efeitos benéficos sobre os direitos de propriedade e o ambiente ecológico, etc.

Se olharmos para os edifícios ecológicos já construídos e para os projectos ecológicos estabelecidos com estruturas deste tipo, podemos distinguir as características do estilo ecológico. Nas linhas e formas das casas ecológicas que vemos na natureza. Através destas formas de edifícios ecológicos encaixam-se perfeitamente no ambiente.

O crescente nível de consciência ambiental do público, o reforço da legislação sobre eficiência energética, a procura de otimização de custos e o desejo de ir ao encontro das novas tendências que afectam o comportamento dos promotores de centros comerciais hoje em dia.

Esperamos que o mercado imobiliário comercial ucraniano, como pegar uma onda de ambiental, introduzindo novas instalações geradoras para os inquilinos desfrutar decorativo que valorizam o conforto e princípios ambientais na formação da arquitetura de complexos comerciais e de entretenimento associados com vantagens ambientais da utilização de princípios deste tipo estruturas.

QUESTÕES E TAREFAS DE CONTROLO

1. Determinação pontual do conceito de "complexo de entretenimento comercial".
2. Dar um exemplo de zonagem funcional de um complexo de entretenimento comercial.
3. Quais são os princípios ambientais do design ecológico amplamente utilizados nos centros ecológicos?
4. Descrever formas de reduzir o consumo de energia em centros comerciais ambientais.
5. Quais são os sinais de estilo ecológico.

Capítulo 5

TENDÊNCIAS MODERNAS DE UTILIZAÇÃO PRINCÍPIOS BÁSICOS DA ECO-ARQUITECTURA NA HABITAÇÃO URBANA
CONSTRUÇÃO

Construção ecológica - é a prática atual da habitação urbana moderna, que visa reduzir o consumo de energia e de recursos materiais ao longo de todo o ciclo de vida do edifício, desde a seleção do local até à conceção, construção, funcionamento, reparação e demolição. Esta prática expande e complementa os conceitos clássicos de conceção de edifícios de economia, utilidade, durabilidade e conforto, em que um homem a sua atividade de vida deve contribuir para a transformação da energia de fontes naturais em biomassa viva de forma mais eficiente do que no desenvolvimento natural dos ecossistemas, excedendo o valor de reprodução natural do ambiente no seu estado natural.

A arquitetura ecológica inclui não só a arquitetura com uma componente natural integrada, mas também componentes energeticamente eficientes, económicas, ambientais e ergonómicas, criadas pela interação da engenharia, da paisagem e da arquitetura e que devem ser consideradas na sua totalidade, o que é importante na conceção da habitação urbana

Problemas associados à utilização dos princípios básicos da arquitetura ecológica na construção residencial urbana considerados nas obras I.I. Ustinov, K.N. D'yakonova, A.V. Donchev e outros.

Utiliza os princípios básicos da arquitetura ecológica para definir os modos de vida das pessoas que dependem fortemente do clima, do ambiente natural e das tradições locais.

A habitação ecológica é uma das formas mais modernas e populares de preservar e proteger a natureza. O objetivo da habitação ecológica é: reduzir o impacto da atividade humana no ambiente, bem como o impacto negativo do ambiente artificial no homem. O problema da ecologia urbana - é a colocação de muitas pessoas em áreas pequenas, a falta de criação de parques e jardins em quantidade suficiente e o impulso da poluição para procurar respostas na natureza. Por isso, muitos países desenvolvidos já utilizam a construção de habitações ecológicas. As grandes empresas estão a construir escritórios de acordo com os padrões modernos de segurança ambiental e economia, colocando fachadas e telhados inovadores, sistemas de ventilação, recolha de água, tratamento de resíduos e outros.

O ritmo de desenvolvimento da construção de habitações ecológicas está a aumentar todos os anos. Uma habitação ecológica razoável deve, antes de mais, preocupar-se com o ambiente ecológico, utilizando a mais recente tecnologia e materiais amigos do ambiente. Hoje em dia, as fantásticas ideias arquitectónicas da habitação ecológica não são menos fantásticas do que a tecnologia.

Na imaginação dos arquitectos, o estilo de habitação urbana "NEXT" pode assumir uma variedade de formas e ganhar todas as cores do arco-íris. Pode assemelhar-se a duas enormes enguias que tentam unir-se em torno uma da outra, como Zaha Hadid, ou ser um núcleo global, fechado numa caixa transparente, como no Toyota Ito.

Os modernos edifícios residenciais urbanos de altura média e ambiental, construídos com a mais recente tecnologia, permitem salvar o ambiente urbano e não prejudicam a saúde humana.

A otimização máxima da poupança de energia levou a conceção e o equipamento do edifício.

Trata-se, antes de mais, da utilização de fontes de energia alternativas. Por exemplo, a eletricidade através de células solares. O método de conversão direta da radiação solar em energia eléctrica é, em primeiro lugar, o mais cómodo para o consumidor, uma vez que se obtém o tipo de energia utilizada e, em segundo lugar, este método é um meio ecológico de obtenção de eletricidade, ao contrário dos que utilizam combustíveis fósseis, energia nuclear bruta ou cisterna.

A utilização de células solares em estruturas de suporte de edifícios ecológicos, denominada building-integratedphotovoltaics (BIPV), literalmente "incorporada no edifício limítrofe fotovoltaico". Estes painéis solares de película fina são integrados no edifício, de modo a que se adaptem ao ambiente e sejam quase invisíveis, ao contrário das mesmas células solares instaladas no telhado. Também é possível converter a energia solar em eletricidade através de motores térmicos ou motores a vapor que utilizam vapor de água, dióxido de carbono, propano, butano, freon, etc.

Juntamente com a utilização ativa da energia solar pode também utilizar meios passivos de solução arquitetónica e de planeamento adequado edifício. Assim, nas chamadas "zonas tampão" é possível aquecer ar fresco (por exemplo, no jardim de inverno) e fornecer ar fresco aquecido a todas as outras áreas funcionais.

Para além do isolamento térmico dos edifícios, importante para criar aconchego, as partes do edifício têm a capacidade de acumular calor, ou seja, a capacidade dos diferentes materiais de perceberem o calor, armazená-lo e cedê-lo com um desfasamento temporal, equilibrando a temperatura do ambiente interno.

Uma proteção solar simples e barata pode servir um telhado largo. O teto panorâmico protege o interior do sobreaquecimento do sol alto do verão, mas permite que o sol baixo do inverno olhe para as profundezas do espaço.

Não negligencie a poupança e a água da chuva porque o abastecimento de água doce no mundo é muito limitado. A água da chuva dos telhados pode ser recolhida e utilizada na exploração agrícola (para irrigação ou para os banhos dos barris).

A habitação ecológica deve também proporcionar um clima saudável.

Por exemplo, através da utilização de controlo automático de temperatura nas fachadas, gerindo as alterações regulamentares nos seus sensores, abrindo o fluxo de ar que circula pelos ângulos interiores revestidos de vegetação, a diferentes níveis, criando uma convecção natural dos outros.

A utilização máxima de materiais naturais disponíveis em grandes quantidades na região e tradicionais para ele - uma das principais características da formação da arquitetura da habitação ecológica urbana. Por exemplo, como tijolo, pedra natural, madeira, telha, vidro e muito mais. Na transformação de edifícios introduziu elementos de arte nacional, pinturas murais.

De acordo com estes princípios, foi construído em Estocolmo um edifício residencial de madeira de vários andares com 31 apartamentos. O edifício foi projetado pelo gabinete sueco WingardsArkitekter (Fig. 5.1).

Fig. 5.1. Edifício de habitação Wingardh Arkitekter Gabinete sueco

Atualmente, os edifícios residenciais urbanos são responsáveis por 40% da energia. A produção de construção aumenta e o "apetite" aumenta. Enfrentar a falta de recursos para ajudar as casas ecológicas activas.

Casa ecológica ativa - um edifício com um balanço energético positivo, que produz, de forma independente, a energia necessária para as suas próprias necessidades de forma mais do que suficiente. Combina as características de uma casa passiva que não necessita de aquecimento ou que necessita de pouca energia e de "casas inteligentes" equipadas com dispositivos de alta tecnologia.

O edifício ativo produz tanta energia que a pode devolver à rede central, sendo assim uma fonte de rendimento e não de despesas. O saldo de eletricidade pode ser gasto, por exemplo, para carregar veículos eléctricos.

Esta eficiência é alcançada pelo facto de utilizar tecnologia especial:

- A energia natural. A casa ativa obtém a sua energia à custa de painéis solares. As casas com painéis solares funcionam com sucesso mesmo em latitudes setentrionais, por exemplo, na Alemanha, na Dinamarca e na Suécia.

- Isolamento. Na construção de edifícios, são utilizados elementos de conceção activos que reduzem a transferência de calor, o que reduz o consumo de energia para aquecimento e ar condicionado.

- Controlo climático. Nas casas normais, a ventilação normal perde 50% do calor. Os modernos sistemas de climatização instalados nas casas dos activos, podem reter até 90% do calor.

- Sistema de controlo do aquecimento. Permite que o aquecimento seja efectuado apenas quando é necessário. Por exemplo, o sistema desactiva o aquecimento das divisões quando não está ninguém em casa.

- Bombas de calor. A bomba de calor produz 75% da energia para aquecimento a partir do ambiente, diminuindo assim os custos de aquecimento.

- O sistema de "casa inteligente". Este sistema inteligente integrado que fornece sistemas de gestão de engenharia do edifício.

Em Berlim, em 2011, foi implementado um projeto-piloto para construir uma casa ativa em estilo high-tech. Uma casa peculiar é o touchpad cérebro pelo qual regular a iluminação, aquecimento e trabalho através da circulação de cantos verdes aparelhos interiores. A principal fonte de energia - painéis solares em rik.Zalyshok energia utilizada para alimentar veículos eléctricos e eléctricos, e desnecessária família vende energia de volta para a rede.

Mesmo entre os complexos residenciais construídos no sul de Itália. Foi concebido com materiais amigos do ambiente e tecnologias inovadoras que não impedem a paisagem local, mas apenas a complementam. Isto é facilitado por rectângulos verticais de verde.

O projeto único, criado pelos arquitectos Salvani Andrea e Barbara Burns, abrange uma área superior a 12 hectares (Fig. 5.3). A construção de 13 edifícios planeados nos pisos inferiores albergará mercearias e áreas comerciais. Cada edifício dispõe de um parque de estacionamento subterrâneo. Uma estrutura de aço independente impede o colapso do edifício em caso de terramotos e outras catástrofes naturais.

Os primeiros edifícios da Forest Vertitsal foram construídos atualmente no centro de Milão (Fig. 5.4). Trata-se de dois arranha-céus residenciais, com 110 e 76 metros de altura. Cada casa tem 99 árvores com alturas de 3,6 a 9 metros. Para além disso, uma grande variedade de arbustos e canteiros de flores. Cada um destes arranha-céus contém cerca de 10.000 m2 de floresta.

A conceção ecológica implica a criação de um conceito ecológico global adequado para a conceção, construção e funcionamento dos edifícios. Isto significa:

- Utilizar menos energia na produção de materiais de construção e na conceção do aquecimento, arrefecimento e ventilação dos edifícios.

- Utilização de energias que têm a capacidade de se curar a si próprias.

- A eliminação e reciclagem de resíduos sem efeitos nocivos para o ambiente.

- A utilização de materiais naturais e amigos do ambiente.
- Fornecer processos naturais no ambiente.
- Seleção de sistemas ecológicos e de combustíveis para aquecimento;
- Distribuição e regulação uniformes dos radiadores ou planos radiantes de calor.

A consideração dos problemas ambientais envolve geralmente, acima de tudo: a qualidade do ar, da água, a radiação de fundo, o ruído de fundo, os campos electromagnéticos e outros. O ambiente visual que as pessoas enfrentam todos os dias é também um fator ambiental. Este ambiente é um dos factores ambientais mais importantes, uma vez que 80% da informação que uma pessoa recebe é através da visão. Um ambiente visual não favorável pode causar irritação nos seres humanos, provocar perturbações mentais graves e até causar agressão. Eco casa pode fundir-se totalmente com a natureza, para se tornar parte yii, e então ela vai dar ao desenvolvedor tudo o que precisa: quente no inverno, fresco no verão, e em qualquer época do ano - energia.

A arquitetura biónica está intimamente ligada à solução destes problemas. Estes edifícios arquitectónicos começam com a relação com a paisagem natural. A forma, a linha das estruturas biónicas complementam uma área em que existe construção. Quando uma pessoa olha para uma casa semelhante, não tem um sentimento de irritação - está à procura dessa peça.

A arquitetura biónica cria edifícios que são uma oferta genuína à natureza que não entra em conflito. Num desenvolvimento posterior, procura criar casas ecológicas. No ideal, a autossuficiência é um sistema autónomo que se integra na paisagem natural e existe em harmonia com a natureza. O estilo biónico é equivalente em conteúdo ao conceito de arquitetura ecológica e está diretamente relacionado com o ambiente. Envolve a síntese de formas naturais e alta teknolohiy. Um dos critérios importantes é a qualidade da sua funcionalidade e conforto. A eco-arquitetura tem como objetivo final a síntese da natureza e das tecnologias modernas.

Para avaliar as perspectivas das tecnologias de poupança de energia na construção ucraniana, há que ter em conta a experiência dos países desenvolvidos, que há muito utilizam com êxito medidas eficazes para reduzir o consumo de energia dos edifícios. Para a Ucrânia, especialmente durante a crise mundial, é interessante a experiência sueca em matéria de tecnologias de poupança de energia, líder na Europa na utilização racional e económica dos recursos energéticos.

A madeira é uma poderosa fonte de matérias-primas da indústria de celulose e papel, mobiliário e carpintaria do país. A produção de resíduos é amplamente utilizada no seu sistema elétrico. Dada a quase total ausência de reservas nacionais de petróleo e gás, os suecos desenvolvem ativamente infra-estruturas industriais baseadas em fontes de energia renováveis. A percentagem de utilização de bioenergia no balanço energético global é de 20% e na Ucrânia - apenas 0,8%. Na Suécia existem 100 mil. Lagos, porque a energia hidroelétrica fornece cerca de 15% do seu balanço energético. O conceito mais popular da Suécia é a chamada "casa passiva".

Fig. 5.3. Complexo residencial no sul de Itália

Fig. 5.4. Os primeiros edifícios Vertical Forest, Milão

"Passive House" - um edifício com um pequeno enerhos- pozhyvannyam em que as condições de vida confortáveis alcançados através de um maior isolamento do que a energia solar casa média, reduzindo a perda de calor no meio do edifício. Calor recebido praticamente nada, ele fornece equipamentos domésticos de trabalho sol (geladeira, TV, equipamentos de música, etc.), e até mesmo as pessoas que estão na sala.

Casa passiva - uma casa onde é possível criar um microclima confortável no inverno sem um sistema de aquecimento separado (um aquecimento fino ou compacto) e no verão sem sistema de ar condicionado (Fig. 5.5).

Fig. 5.5. Princípios da casa passiva

A primeira casa passiva na Ucrânia ecológica, a "Casa do Sol" (com uma área total de 328,5 m2), é constituída por três partes distintas que funcionam:

A própria casa para uma família;

• Estúdio "integrado" com entrada independente;

• Escritório de Arquiteto (hostess) com uma entrada separada da rua para os clientes.

O edifício foi concebido tendo em conta as principais formas de necessidades energéticas da construção e a sua orientação cardeal. Para a construção, foram seleccionados materiais de construção ecológicos, tijolos maciços de barro, espuma de vidro, argila, linóleo natural, janelas de madeira-alumínio com eficiência energética, etc., bem como sistemas de poupança de energia e de engenharia de som (fontes de energia alternativas), bomba de calor geotérmica, colectores solares, paredes planas que emitem calor/frio, sistema de ventilação de abastecimento e de exaustão com recuperação de calor e permutador de calor no solo.

Em termos de edifício é uma praça limpa (9h9m), que se concentra em ambos os lados de uma pequena área (0,025 hectares). E o seu planeamento interno, bem como a direção da inclinação do telhado, orientado para o cardeal, assim como a colocação no telhado de painéis solares foram concebidos para "limpar" o sul.

O pequeno "amortecedor" que protege as instalações auxiliares da casa da zona residencial do noroeste do frio e do sobreaquecimento. Sala de estar mais alta e espaçosa - aberta ao sol, à luz e ao calor através de vidros quase contínuos a sul.

Autor e proprietário do primeiro eco passivo ucraniano - Ernst T.K., doutorado em Arquitetura, membro do Sindicato dos Arquitectos da Ucrânia, arquiteto que exerce a sua atividade na construção de edifícios passivos e energeticamente eficientes.

A casa autónoma combina tecnologia de casa passiva, construção inteligente e fontes de energia alternativas.

A tecnologia em desenvolvimento da casa passiva é utilizada em edifícios autónomos.

A casa independente não se limita a reter o calor, é autossuficiente em energia (Fig. 5.6).

Fig. 5.6. Componentes principais casa independente

Para isso, recorre a fontes alternativas de energia - bomba de calor, colectores solares, painéis solares e turbinas eólicas. Assim, a casa autónoma não só poupa dinheiro como pode ganhar, deixando cair a energia extra da rede.

As vantagens dos edifícios autónomos incluem:

• Reduzir em 90% o custo da eletricidade em comparação com os edifícios convencionais.

• Fonte de energia autónoma para aquecimento da casa.

• Independência das flutuações dos preços da energia.

• Aumento da vida útil do edifício graças à alta tecnologia.

• Não há caldeira e, por conseguinte, o volume de explosão de combustível e a instalação de segurança contra incêndios.

• Clima ideal para a saúde humana em casa.

Recentemente, na Ucrânia, durante a construção de uma casa de campo ou de uma casa de campo ecológica, são frequentemente preferidos os materiais naturais, principalmente a madeira. Devido às suas qualidades naturais, as casas de madeira pertencem à categoria de habitação ecológica. Isto não só beneficia a saúde humana, mas também é inofensivo para o ambiente, o conforto ambiental, um elevado grau de segurança ambiental, condições de disponibilidade para descanso e recuperação. Em comparação com o betão e o tijolo, têm a capacidade de atualizar o ar da divisão, bem como de suportar uma humidade óptima, evitando a humidade. Além disso, a madeira é um excelente isolante térmico, de fácil transformação. A madeira tem propriedades medicinais. Hoje, falando sobre o impacto na madeira bioenergética humana. Por exemplo, acredita-se que espécies como o carvalho, o pinheiro, a macieira e a bétula têm a capacidade de dar a sua energia, enquanto o choupo, o choupo, a cerejeira e o amieiro a recebem. As árvores que dão energia, ambas curam o corpo humano: eliminam o stress e a irritação, aumentam a vitalidade, restauram o sistema nervoso, aumentam a atividade. Algumas madeiras, como a macieira e o cedro, têm propriedades de limpeza e desinfeção. Assim, a madeira - um pouco mais do que apenas um material de construção. As pessoas e roslynyye parte de um ecossistema, e tão intimamente relacionados uns com os outros. Uma vez que a madeira - um material criado pela própria natureza, numa casa de madeira sente-se sempre calma, calor e conforto.

Uma caraterística essencial da habitação ecológica é a caixa de madeira. Ao contrário do plástico, a árvore tem a capacidade de "respirar", ou seja, de fazer passar o ar através dos microporos, proporcionando assim a sua circulação contínua. As janelas de madeira modernas têm um elevado isolamento acústico, baixa condutividade térmica e resistência à temperatura e durabilidade.

No início do 70º biénio. Começaram a ser desenvolvidos os chamados edifícios de poupança de energia e de eficiência energética. Trata-se, em primeiro lugar, de casas sem custos energéticos adicionais, com melhor isolamento das paredes, janelas com proteção térmica.

Eficiência energética - uma casa onde a poupança de energia associada a um aumento do coeficiente de utilização de energia em todos os processos energéticos e a eliminação do consumo desnecessário de energia. O projeto é a primeira demonstração de habitação energeticamente eficiente começou a implementar em 1972, em Manchester, New Hampshire, EUA, os arquitectos Nicholas Isaac e Andrew Isaac. Edifícios energeticamente eficientes tecnologicamente equipados, forte isolamento (em paredes e fvndamenti - isolamento eficaz de várias dezenas de centímetros), janelas energeticamente eficientes, teploobminyuvachi- recuperação de calor, bombas de calor, o sistema irá recolher a água da chuva (fora da casa - bulbo, ele recolhe a água que usando bombas servido em casa ou é usado para irrigação). Nos 90 anos do século XX. novos conceitos e novas soluções mistobudivelnyh, arquitectónicas, de engenharia e tecnológicas de complexos residenciais responsáveis pelo desenvolvimento e conservação dos recursos.

Nas instalações residenciais economizadoras de recursos que utilizam fontes de energia renováveis (solar, eólica, terrestre), o consumo de eletricidade, água, gás e combustível sólido é reduzido. Um exemplo de casa ecológica economizadora de recursos - uma casa de blocos de palha. A ideia da construção ecológica de materiais naturais renováveis - a palha - espalhou-se pelo mundo durante 25 anos. Durante este tempo, centenas de casas ecológicas foram construídas na América, Canadá, Austrália, França, Chile, México, Rússia e outros países.

As pessoas que desmantelaram os edifícios antigos que uteplyuvalysya palha comum, ficaram impressionados com o seu estado em 100-150 anos. Palha - é material barato e disponível, além de resíduos. Blocos de palha - excelentes isolantes térmicos utilizados por um longo tempo. O mais antigo deles, em Nebraska, eles eram cerca de cem anos e eles ainda estão em boas condições. A primeira casa na CEI com blocos de palha foi construída em 1996 em ekoselyschi para Chernobyl. Estima-se que a palha ecológica reduz o consumo de energia no edifício cerca de 150 vezes durante as entradas de energia de aquecimento *4-5* vezes o preço de 1 quadrado. m. - 3-4 vezes e é grande durabilidade e fornecimento de alta qualidade. Estas casas estão a passar da categoria de "casas pobres" para a categoria de "casas inteligentes e ricas" e não tilbky na América porque "não comprar saúde", e as condições ambientais em casas de palha ainda melhor do que as árvores de madeira.

Hoje em dia, na Bielorrússia, são elaboradas tecnologias de energia passiva (telhado inteiro - coletor solar) para assentamentos ecológicos a partir de materiais naturais renováveis. Os projectos de casas de colmo e os programas de construção com colmo na Bielorrússia receberam o prémio vidmicheniVsesvitnoyu para a eficiência energética em 2000 e foram nomeados para o OON Habitat.

Recentemente, a construção ecológica está a utilizar cada vez mais os princípios da casa bioclimática ou da poupança passiva de energia. Trata-se de um projeto de construção em relação com o clima. Isto cria um ambiente confortável, o edifício está visualmente ligado ao terreno e consome energia de forma muito eficiente. Isto pode ser conseguido, por exemplo, através de extensões de vidro em casas e galerias. No inverno, são amortecidos com ar fresco, captando a luz do sol e aquecendo-os partilham o trabalho doméstico, no verão - para evitar o sobreaquecimento, bloqueando o sol, e as janelas do sistema de planeamento competente ventilam a sala. Outros princípios bioclimáticos - isolamento adequado e orientação das fachadas dos edifícios para o horizonte das festas. Portanto, uma maneira de resolver o problema - métodos de armazenamento de energia de design de construção e construir edifício assimétrico. Na Ucrânia, construído principalmente pedra simétrica - fachadas de vidro que não diferem uns dos outros, dependendo da orientação do sol. Mas porque vivemos em um mundo de sistema assimétrico porque a parede norte logicamente não fazer aberturas, sul - como vidro. Ao mesmo tempo, exigiu um sistema especial de canais de parede para garantir a acumulação de calor e aquecimento uniforme de todas as instalações.

A possível utilização de diferentes tipos de armazenamento passivo externo de energia térmica. Acumulador de calor, a Torá não necessariamente cavar no chão. Por exemplo, na Irlanda, recentemente construído casa onde teplonakopychuvachiv função executa uma grande coluna, feita de pedra local. Construção de opções eco passivos são muitos, o problema está em escolher o melhor para cada caso.

No âmbito do projeto financeiro norte-americano "Ecodom", na Sibéria, foram construídas casas com diferentes ecossistemas, incluindo baterias térmicas de pedra que WANA-sayut a energia do sol no verão, o que permite aos pivzymy prescindir do aquecimento central. A água de colectores solares permitir a utilização auto haryachymvodopostachannyam maior parte do ano.

Em meados dos anos 90, perto da cidade suíça de Trine, nos Alpes, foram construídas casas num projeto económico, concebido pelo arquiteto Andrea Kur - Gustav Rueda-Maruhom Freyem.

Com base nos cálculos do fluxo de energia solar em dezembro, os projectistas conseguiram criar casas que são elas próprias abastecidas de aquecimento e água quente por insolação. Os edifícios em concha permitem a difusão da mistura gás-vapor, mas com isolamento reforçado. Isto elimina efetivamente a contaminação de vários estados, mas sem perder calor. A escolha de materiais ecológicos - madeira, pedra local zmenshyty permitir que o ar para hihienichnoho sanitária mínima e economizar energia no aquecimento de ar fresco.

Até à data, muitos países já construíram e operaram com sucesso milhares de casas com baixo consumo de energia. O número de casas construídas na próxima geração - consumo zero de energia para aquecimento, na Alemanha, por exemplo, mede-se às centenas.

A esta escala, estamos a falar de um edifício típico. Os dias de fabrico individual dispendioso do que é necessário para a construção de edifícios energeticamente eficientes foram ambientais. Atualmente, o mercado dispõe de materiais e componentes suficientes para a construção de edifícios energeticamente eficientes. Por esta razão, eles são apenas ligeiramente mais caros do que o habitual.

Na Ucrânia, a generalização da habitação ecológica desempenha um duplo papel: por um lado, reduzirá a carga sobre a biosfera e aumentará o tempo de reserva global e, por outro, aumentará as hipóteses de sobrevivência.

O resultado do impacto da era pós-industrial na construção de habitações privadas de baixa altura é a eco-habitação. Casa ecológica - uma casa bloqueada, individual ou num terreno, que é radicalmente de baixo desperdício e poupadora de recursos, saudável e não agressiva para o ambiente. Isto é conseguido principalmente através de decisões eficazes de planeamento volumétrico de edifícios ou pequenos colectivos de engenharia de sistemas autónomos de apoio à vida e de conceção de edifícios sustentáveis.

Estas qualidades da habitação ecológica não só foram adoptadas separadamente, mas sistematicamente - com todos os serviços públicos e manutenção do seu sistema de produção. Este edifício, que radicalmente é repetidamente reduzido o consumo de recursos naturais e resíduos e que:

- efeito benéfico para a saúde das pessoas que aí residem;
- tem danos directos mínimos na paisagem;
- indiretamente tem um dano mínimo para o ambiente.

Assim, a tecnologia moderna abriu uma nova possibilidade - o desenvolvimento de habitação ecológica low-rise, que aparece possível construção de habitação, proporcionando uma vida decente e reduz drasticamente o impacto negativo sobre o meio ambiente. Isto inclui a exposição completa e sistémica de todo o sector da habitação, incluindo infra-estruturas de engenharia, manutenção e assim por diante.

Atualmente, na Ucrânia, as casas de um novo tipo, as chamadas ecológicas, surgem espontaneamente, mas têm todos os motivos para serem o principal tipo de habitação da era pós-industrial.

Regressando às raízes étnicas da construção e exploração de habitações baixas na Ucrânia, verificamos que a casa individual ucraniana não é apenas uma habitação, mas também um símbolo importante do homem mortal. "Nós criamos uma casa, e depois ela molda o nosso mundo."

As habitações étnicas ucranianas têm características ecológicas.
conservação do calor, iluminação, ventilação, utilização de materiais de construção ecológicos locais, etc.

Formas tipológicas de habitação na Ucrânia divididas pelo número de células:

1. Podolsky.
2. Poleski.
3. Sul ucraniano.
4. Médio Dnieper.
5. Sloboda.
6. Zona Cárpatos

A habitação tradicional Poliske mantém o tipo eslavo - apartamento único com gaiola stebka e que funciona como corredores económicos de apoio.

Paredes construídas a partir de troncos maciços ou de blocos fendidos, na sua maioria de pinho, por vezes com choupo ou amieiro. Telhado de tábuas (Dranitsa) e palha.

Para a região de Podolsk hlynosolom'yane inerente habitação modular. Zdavnastiny em cabanas construidas de Leski ou derretendo grabovogo que obmaschuvalyhlynoyu misturado com palha. Mais tarde (seculos XVIII-XIX).

Nayuzhytkovanishoyubula valkovana equipamento - uma mistura de argila e barro com solomoyu de centeio.Piznishe poch- alyyy casa construida de tijolo cru ou pedra.

No sul da Ucrânia, devido à pobreza das florestas, os materiais de construção básicos eram a pedra e o barro, com a utilização extensiva de calcário tacherepashnyka.

No Médio Dnieper predominava o material do esqueleto e da carcaça, como o bulysoloma de Budivelnym, a cana, o vime e, em parte, a pedra.

A região dos Cárpatos é caracterizada pela maior variedade de características estruturais e artísticas. Em Boikivshchyna, os edifícios são construídos principalmente em abeto e pícea.

Nas aldeias da parte inferior dos Cárpatos, que fazem lembrar as regiões centrais da Ucrânia, há casas brancas com três câmaras. É amplamente praticada a arte de terminar as paredes exteriores, as vedações e outras coisas bizarras.

Em Gutsulshchyna, particularmente original é um complexo de edifícios, que são chamados pátios fechados ou CET. É bastante cómodo em termos de floresta de madeira, uma mini-fortaleza.

Na construção de habitações privadas de baixa altura, os princípios ecológicos ucranianos são amplamente aplicados.

A casa ecológica é, acima de tudo, um edifício eficiente do ponto de vista energético, uma vez que a energia em todas as suas formas, seja eletricidade ou qualquer combustível, é um tipo de recurso natural durante a produção, transporte e utilização do qual não são infligidos grandes danos ao ambiente.

A casa ecológica é nitidamente reduzida e o ar poluído é libertado para a atmosfera. O interior e os interiores são executados em materiais de saúde comprovados pela casa. Casa ecológica - uma casa energeticamente eficiente, que, para além da energia, é altamente optimizada e todos os outros sistemas e funções.

Um dos principais desafios da conceção e construção de habitações ecológicas na Ucrânia é o facto de estes materiais de construção locais, como a palha, o adobe e a cana, que desde tempos remotos eram utilizados pelos nossos antepassados para a construção das suas casas, não serem, de acordo com o quadro regulamentar existente, materiais de construção. Não existem termos técnicos básicos, não existe uma ISO correspondente. Isto significa que toda a construção ecológica com estes materiais em toda a Ucrânia é ilegal.

Na Europa, as casas ecológicas são construídas de acordo com o nível dos programas da União Europeia, como o programa CEPHTUS - "Effective cost for passive houses a European standard".

A construção de habitações ecológicas no país é uma tendência científica, técnica, económica, social e política estrategicamente importante. A ideia da construção ecológica na Ucrânia é eficaz e promissora sem precedentes, pelo que exige um financiamento incondicional e prioritário para o seu desenvolvimento.

O desenvolvimento da construção ecológica é uma área estrategicamente importante não só para o desenvolvimento mas também para a sua sobrevivência. O processo de reabilitação ecológica do parque habitacional existente e a sua substituição por um novo pode demorar várias décadas, mas os efeitos positivos aparecem muito rapidamente.

As peculiaridades da formação de habitação ecológica urbana afectam grandemente os factores ambientais urbanos. Na conceção do desenvolvimento residencial urbano ecológico, utiliza-se habitualmente o princípio dos "corredores verdes": interligar todas as zonas verdes da cidade e melhorar o ambiente visual, passeios zhytelivi livre migração de animais. Nalguns casos, recorre-se ao princípio da permacultura, que proporciona uma jardinagem versátil, com todas as superfícies possíveis para o cultivo de frutas e legumes nas cidades, e à educação ambiental. A conceção de casas tem em conta a criação de tais superfícies. A utilização do princípio da preservação máxima dos terrenos adequados para a paisagem natural, agrícola, recreativa e de reserva é também muito importante na conceção do desenvolvimento residencial urbano.

Os princípios dos edifícios residenciais urbanos também prevêem que o edifício proporcional ambiente natural, com pátios paisagísticos, telhados, terraços, pisos térreos de edifícios residenciais localizados em suas oficinas privadas, lojas e cafés; dentro de bairros organizar pequena produção ecológica e assim por diante. As plantas verdes podem ser utilizadas com sucesso para limpar o ambiente urbano de poeiras e gases. Esta caraterística é útil para considerar a plantação de árvores para proteger do pó. Para proteger a zona do ruído, é necessário prever a colocação de ecrãs de espaço verde entre a fonte de ruído e os objectos protegidos. A altura dos ecrãs é determinada por cálculos especiais. De acordo com eles, escolher a altura desejada de árvores (normalmente pelo menos 5-8 metros). Áreas verdes no visor insonorizados firmemente malha suas coroas tanto horizontalmente e verticalmente. Para este efeito, na camada superior hustokronni árvores de folha caduca, e os arbustos de fundo.

Ambiental pertence ao princípio da proteção do ambiente natural, histórico e cultural da cidade, da recuperação ecológica ambiental ou da reconstrução de paisagens naturais e urbanas (eventualmente com uma nova utilização funcional).

Os bairros urbanos ecológicos são formados de diferentes maneiras. Em primeiro lugar, tendo em conta a densidade ideal de edifícios que utilizam habitação ecológica que inclui uma série de conceitos específicos, tais como: arquitetura orgânica, eficiência energética, arquitetura e construção biónica, os princípios do Feng Shui e muitos inshoho.Tobto alojamento que combina as vantagens da cidade ipryvatnoho edifício de apartamentos e excluir impactos negativos sobre o meio ambiente. Esta habitação que se enquadra no ambiente de modo a preservá-lo, restaurá-lo e até melhorá-lo. É geralmente muito utilizado kserolandshaftinh - jardim e projeto paisagístico preservando a água limpa e minimizando as necessidades de água para irrigação, muitas vezes com telhados e paredes paisagísticos, proporcionando plantação total ou parcial de telhados e paredes externas de edifícios com plantas naturais. Estas superfícies absorvem a água da chuva, reduzindo a carga sobre o sistema de esgotos, proporcionando proteção contra o ruído, o frio e o sobreaquecimento no verão, reduzindo o custo do ar condicionado e do aquecimento. Para além disso, a superfície é verde glória mistata residência de alguns representantes da fauna local.

Assim, os especialistas da SHOHA Architetsts decidiram que o projeto do arranha-céus chamado ParkRoyalTower em Singapura (Fig. 5.7) será duas vezes mais verde do que o parque de diversões vizinho HongLim. Após a conclusão da construção, o projeto terá 15 000 metros quadrados de espaço verde.

Um exemplo notável dos princípios básicos da arquitetura ecológica pode ser um conjunto de casas suíças, cabanas napivpidzemnyh de nove edifícios (Fig. 5.8), construídas em 1993 pelo arquiteto suíço Peter Vetshem, todas cobertas de vegetação, que cidade jardim Madrid, desenhado pelo arquiteto Patrick Blanc, onde as plantas crescem não só no telhado, mas também nas paredes.

As principais características desta habitação ecológica são:
- ambiente natural quando a casa se insere "corretamente" na paisagem; utilização de elementos da "flora" e da "fauna" no interior e no exterior;

• eficiência energética;

• A utilização de aparelhos energeticamente eficientes e a engenharia de sistemas e fontes de energia alternativas;

• consumo mínimo de energia; utilização de novas tecnologias de construção, melhor isolamento; melhores sistemas de ventilação, etc.

• utilização de sistemas de engenharia complexos com um sistema de gestão unificado e equipamento moderno que utiliza elementos naturais;

• fachadas e elementos interiores de estilo ecológico, electrodomésticos e muito mais.

A empresa francesa Vincent Callebaut Architects projectou seis arranha-céus que não prejudicam o ambiente. A "pirâmide de pedra asiática" (Asian Cairns) (Fig. 5.9) será construída em Shenzhen como resposta ao aumento da população e à necessidade de reduzir os gases com efeito de estufa. "Pedras" - elementos de construção do projeto. Eles serão produzidos a partir de anéis de aço, que serão localizados em áreas residenciais, escritórios e centros de entretenimento. Os anéis de aço estarão sempre ligados a uma torre central com vigas Virendelya, entre as quais se situarão os Jardins Suspensos. No exterior dos arranha-céus e equipados com painéis solares fotovoltaicos fototermalnymy e serão colocados no telhado turbinas eólicas. O projeto prevê a criação de equipamentos especiais para o tratamento de águas residuais. De acordo com os arquitectos, a cidade do futuro deve ser o sistema ecológico completo.

Um exemplo dos princípios orientadores da arquitetura é o arranha-céus eco-volátil Hidroheza (Fig. 5.10), da autoria do arquiteto Caleb Vincent.

Estacionou uma estação de água em cujas bacias se encontram organismos vivos que geram hidrogénio, que é bombeado para depósitos. Ele pega na estação.

A Eco City estabeleceu uma nova moda no planeamento urbano. Trata-se de uma cidade separada em construção, organizada por condições ambientais para maximizar: o projeto da cidade ecológica previa a produção autónoma de energia, a gestão de resíduos, a purificação da água, o cultivo de frutas, legumes e cereais, entre outros. Um exemplo de uma cidade ecológica deste tipo pode ser a chamada "cidade jardim" na China e, embora seja apenas um projeto, as autoridades estão dispostas a investir nele (Fig. 5.14). A ideia e o planeamento são do arquiteto Vincent Kallebotu, de França. A ideia básica da cidade - combinar a aldeia mistoi. Os habitantes da "cidade-jardim" viverão no meio de terrenos agrícolas, mas também usufruirão de todos os benefícios da civilização.

A extraordinária arquitetura moderna da cidade é muito funcional e ecológica. Todas as casas são "auto-suficientes": os painéis solares na sua superfície podem acumular grandes quantidades de energia, e spozhyvayutbudynky menos energia produzida, por isso é possível acumular. Depois, pode ser utilizada para abastecer veículos eléctricos, que serão o principal meio de transporte na cidade, juntamente com as bicicletas. Além disso, a própria cidade irá purificar a água e reciclar os resíduos. Outra inovação - a utilização de algas especiais que serão colocadas na superfície dos edifícios. As algas produzem bio-hidrogénio, que se acumula e é efetivamente utilizado como combustível.

Nos telhados dos edifícios e nas superfícies, a "cidade-jardim" será organizada por jardins e pomares. Os desenhos de vidro estão harmoniosamente dispostos numa paisagem verde.

Em Abu Dhabi está a ser construída a primeira cidade ecológica do mundo, Masdar (Masdar City) (Fig. 5.11). Este é um dos maiores projectos em termos de cuidados com o ambiente, a primeira cidade com fontes de energia renováveis com zero emissões de dióxido de carbono. Masdar está a ser construída a 17 quilómetros de Abu Dhabi (EAU). O projeto foi criado pelo estúdio Foster + Partners. A construção da cidade de Masdar começou em fevereiro de 2008. Centro de investigação e descoberta construído nos 6 km^2 .

Fig. 5.7. Torre Park Royal em Singapura

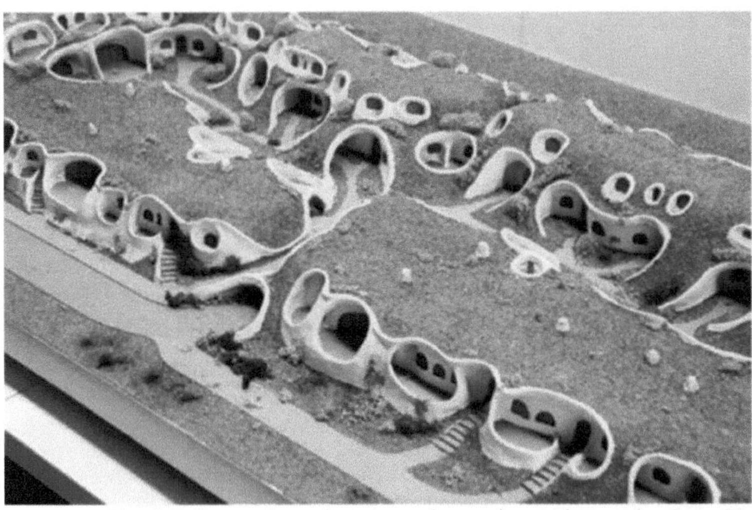

Fig. 5.8. O complexo de casas, cabanas do arquiteto suíço Peter Vetsha

Fig. 5.9. "Pirâmide de pedra asiática" em Shenzhen

Fig. 5.10. Arranha-céus voador - hidrogenase

Fig. 5.11. Cidade Ecológica de Masdar nos Emirados Árabes Unidos

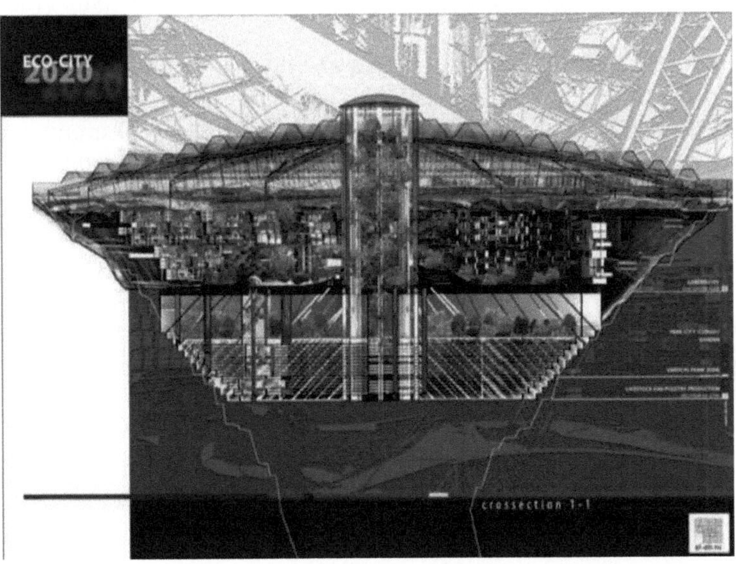

Fig. 5.12. Eco-cidade 2020, Yakutia

O papel principal da cidade ecológica é a construção de um laboratório de testes para empresas que se dedicam à tecnologia ecológica, instituições de investigação e organizações governamentais. A capacidade de alojamento é de cerca de 40 mil pessoas. Todos os edifícios e instalações satisfarão as condições rigorosas de equilíbrio ecológico.

Perto da cidade de Peace (Yakutia) será construída uma eco-cidade (Fig. 5.12). Eco-cidade 2020, projectada pelo gabinete de arquitetura "AB Alice". A construção de estruturas gigantes feitas pelo homem ocorre dentro da cratera com um diâmetro de 1 km e uma profundidade de 550 s. A eco-cidade será protegida de influências climáticas adversas enorme telhado de vidro coberto com colectores solares.

A área total da eco-cidade será de 2 milhões de metros quadrados e poderá acolher 100 000 residentes. De acordo com o projeto, a Eco-citi 2020 será dividida em três níveis principais de florestas, áreas residenciais e instalações recreativas.

A verdadeira "arca de Noé" para 50 mil pessoas será a casa flutuante Lily Pad (Fig. 5.13), projectada por Vincent Kallebotom. A fantástica cidade aquática não é apenas prática, mas também muito bonita. As ilhas, como os nenúfares, nadarão no oceano. No complexo flutuante há tudo o que é necessário para uma vida saudável.

Prevê-se que o nível global do mar aumente significativamente no próximo século devido às alterações climáticas, pelo que muitas pessoas que vivem em zonas baixas serão forçadas a abandonar as suas casas. O arquiteto Vincent Kallebot propôs uma possível relocalização para estes refugiados em caso de alterações climáticas, sob a forma do conceito "Lilypad" - uma cidade flutuante completamente autossuficiente que abarca 50 mil habitantes.

Lillypad - a cidade flutuante tem a forma de uma folha com nervuras altas - nenúfar, a pele dupla flutuante "Ecopolis" é feita de fibras de poliéster revestidas com uma camada de dióxido de titânio ($TiO2$), que reage com a luz ultravioleta e absorve a poluição atmosférica por efeito fotocatalítico. Três baías rodeadas por três montanhas situadas no centro de uma lagoa artificial completamente submersa abaixo da linha de água que servirá de lastro à cidade. Três montanhas e marinas serão dedicadas ao trabalho,

Fig. 5.13. Casa flutuante *LilyPad*

Fig. 5.14. Parque "Cidade num arranha-céus"

para compras e entretenimento, enquanto o sector dos jardins suspensos e da aquicultura, abaixo da linha de água, será utilizado para o cultivo de alimentos e biomassa. A cidade flutuante incluirá também um conjunto completo de tecnologias de energia renovável, incluindo energia solar, térmica, eólica, das marés e biomassa, para produzir mais energia do que a que consome. Os nenúfares podem ser colocados perto do solo e seguir lentamente as correntes oceânicas.

Zona Residencial cicatrizada de jardins e parques, lojas com locais para a prática de desportos, existe mesmo posto de correios e esquadra de polícia próprios.

Também a orientação ecológica no desenvolvimento urbano é apoiada por Christian Hahn, que projecta um parque "na cidade dos arranha-céus" (Fig. 5.14).

Toda a área útil da cidade - um arranha-céus fechado numa forma hexagonal - o arquiteto descobriu experimentalmente que este desenho será o mais adequado para ser incorporado numa estrutura vertical.

Ele repete toda a infraestrutura da cidade tradicional, privando-a do duvidoso privilégio da urbanização - estradas e um grande número de produtos de combustão de gasolina no ar. Mas aqui é bastante verde e tranquilo.

A plantação de arranha-céus é, de facto, um processo bem conhecido e elaborado. A água da chuva é recolhida em tanques especiais e alimenta a torre de vegetação. A água é fornecida ao nível desejado por bombas eléctricas. Para obter eletricidade, existem parques eólicos. A energia produzida também pode ser posta em marcha por elevadores e escadas rolantes - o único meio de transporte, a admissão ao idílio vertical para os peões.

Assim, a perspetiva moderna de projectos de eco-habitação urbana baseia-se nos princípios orientadores da formação da eco-arquitetura na habitação urbana, ou seja, na conceção e construção de ekosporud residenciais que, acima de tudo, planeiem alguns ecossistemas, onde o consumo de calor para aquecimento e arrefecimento seja mínimo, o que proporcionou: a utilização de recursos naturais; a redução da poluição do ambiente durante a construção, funcionamento e demolição; a adaptação máxima do edifício às necessidades pessoais dos residentes; a introdução da componente natural na estrutura dos edifícios e no ambiente urbano.

Tendo em conta os princípios básicos da arquitetura de design ecológico no desenvolvimento residencial urbano, foram feitas poupanças sensíveis que podem reduzir os efeitos nocivos no ambiente, os custos operacionais da criação de condições favoráveis para a vida humana.

CONTROLO DE QUESTÕES E TAREFAS

1. Descrever a divisão tipológica das formas de habitação na Ucrânia.
2. Quais as características inerentes à habitação de etnia ucraniana?
3. Quais são os princípios da casa passiva.
4. Quais são as vantagens das casas independentes?
5. Descobrir formas de habitação ecológica.

Capítulo 6
CARACTERÍSTICAS DA FORMAÇÃO DECISÕES DE PLANEAMENTO DO ESPAÇO EKO HOTEL

Os peritos ocidentais afirmam que 47% do efeito de estufa é produzido pela arquitetura e alguns sugerem um valor de 80%, incluindo os custos de construção e demolição dos edifícios. Estes números foram confirmados no texto do preâmbulo do Partido Europeu da Arquitetura Solar (European Solar Sharterfor EnergyinArchitecyurean- dUrbanPlanning), confirmado em 1993 em Berlim, pelos principais arquitectos mundiais como Foster N., N. Rimshou, R. Rogers, onde a estrutura arquitetónica moderna é vista não como um objeto mas como parte do ecossistema da Terra.

A Arquitetura Ambiental há 90 anos mudou radicalmente o processo de conceção e estimulou o desenvolvimento de abordagens alternativas. Foram os princípios da conceção arquitetónica ecológica que permitiram diferentes tipos de edifícios.

Os edifícios hoteleiros combinam um grande número de instituições e as suas várias actividades (residencial, restauração, entretenimento espetacular e outras) e as suas características específicas definem as premissas gerais, bem como os requisitos específicos para o seu grupo, tendo em conta um conjunto de relações entre grupos e entre instalações individuais. O princípio original de construção e organização dos processos funcionais num hotel ecológico permite não só relaxar, mas também unir-se à natureza e beneficiar não só as pessoas, mas também o ambiente. De acordo com a definição da Organização Mundial do Turismo (OMT), os hotéis modernos são designados por instalações de alojamento coletivo, constituídas por um conjunto de quartos que têm uma gestão única e prestam determinados serviços. Estão agrupados em classes e categorias de acordo com o tipo de serviço prestado, com o equipamento de que dispõem.

O mundo à nossa volta está a mudar rapidamente e a forma de viajar pelo mundo está a mudar com ele. Chegará o dia em que todo o sector hoteleiro mudará de forma irreconhecível. Num mundo em rápida mudança, o único hotel que pode oferecer aos seus hóspedes algo incrível é o Eco Hotel do futuro. Os hotéis ecológicos do futuro estão tanto em terra como escondidos nas profundezas do oceano, escondidos no espaço e a sobrevoar as áreas metropolitanas.

Um dos mais luxuosos hotéis ecológicos existentes no mundo é o Burjal Arab, situado no Dubai (Fig. 6.1). O corpo do hotel domina o Golfo a 321 m., a fundação entra na espessura do fundo do mar a 40 metros, e a ilha artificial separa-se da costa a 280 m.

O edifício branco tem a forma de velas, daí o nome comum "Sail" e a sua fachada é iluminada à noite graças a um revestimento especial. Hotel Eco é o hotel mais alto do mundo. Para o design interior do hotel foram utilizados materiais requintados: mármore, madeiras preciosas, pedra, couro e metais preciosos - mais de 8000 metros quadrados. O hotel está decorado com ouro puro de maior qualidade. É aqui que as tendências podem ser vistas como formando hotel ecológico usar apenas materiais ecológicos e decoração externa ambiental.

No Pacífico, perto das ilhas Fiji, foram construídas estruturas subaquáticas invulgares denominadas Poseidon Under sea Resort (Fig. 6.2). A "Ilha Misteriosa de Poseidon" tem uma área de 99 000 metros quadrados e será construída a uma profundidade de 12 metros até ao final do próximo ano. O "Poseidon" será o primeiro hotel subaquático do mundo. A principal tendência deste hotel ecológico é a utilização ecológica do calor e de superfícies translúcidas, a aplicação de ventilação ecológica de abastecimento e exaustão.

O hotel subaquático Waterworld, na China, será construído em dois elementos: uma parte da terra, outra da água (Fig. 6.3). O Hotel Waterworld está apenas em desenvolvimento, mas o gabinete Atkin's Architecture Group já recebeu o primeiro prémio no Concurso Internacional de projectos de arquitetura em Xangai. O hotel subaquático será construído na China. Aqui pode ver-se a liderança da tendência do design ecológico do hotel, como a utilização de calor e de superfícies translúcidas, a aplicação de abastecimento ecológico e a ventilação de exaustão.

O gabinete de arquitetura Michael Rosenthal Associates (Miami, Flórida, EUA) apresentou o projeto de hotel ecológico - Envision Green Hotel (Fig. 6.4). Na parte central do edifício ecológico serão instaladas turbinas eólicas, fornecendo aos seus habitantes energia e ar fresco. No exterior do arranha-céus serão cobertos painéis fotovoltaicos que captam a energia do sol. No interior do hotel ficarão jardins ecológicos, que limparão o ar e actuarão como uma espécie de isolamento. Ao longo do perímetro do hotel serão colocados contentores especiais para recolha e posterior purificação da água da chuva. Os visitantes regulares do hotel beneficiarão do controlo do ambiente que lhes permitirá regular a iluminação do quarto e selecionar imagens digitais projectadas nas paredes e no teto.

Em Abu Dhabi (EAU) foi apresentado um novo projeto de arquitetura ecológica (Fig. 6.5). O projeto Helix Hotel, concebido pelo gabinete de arquitetura Leeser Architects, caracteriza-se pelo facto de o edifício ecológico ser uma espiral contínua. Ao nível da espiral estarão disponíveis 208 quartos, bem como uma área comercial e residencial. Para o plano energético prevê-se a utilização de painéis híbridos solares e eólicos feitos de polietileno. A temperatura e a humidade no meio da sala serão ajustadas com uma cascata de água, na qual fluirá água do oceano. Também no edifício há uma parede de vidro dinâmica que actuará como isolante térmico quando o tempo estiver bastante fresco, está aberta e quando estiver demasiado quente, fechada.

O que fazer com a torre de radar abandonada e uma pilha de resíduos de construção, travessas e carris de comboio, madeira reciclada e mármore usado?

Construir um hotel ecológico no santuário de aves do Panamá. Foi o que fez o ambientalista Raul Arias de Couple.

Fig. 6.1. Eco-hotel Burj al Arab, Dubai

Fig. 6.2. *Estância submarina de Poseidon*

Fig. 6.3. Otel Waterworld subaquático na China

Fig. 6.4. O projeto é um hotel ecológico - Envision Green Hotel

A torre de radar pereobladna o hotel Canopy Tower, e o telhado serve como uma plataforma para observação de aves. O segundo edifício é um hotel ecológico - também um edifício de reutilização de "produtos". A hotelaria utiliza medidas de gestão para poupar água e eletricidade - o princípio da utilização de tecnologias energeticamente eficientes. No que diz respeito às lâmpadas economizadoras de energia, a iluminação é recomendada com soluções de poupança de energia da empresa eléctrica alemã. Além disso, o desenvolvimento da agricultura e da silvicultura é renovado. Este é um exemplo de distribuição racional dos recursos, não em detrimento da natureza, mas sim do bem. Este ornitólogo moderno foi criado pela natureza. Istmo do Panamá, atracções naturais do Panamá, as aves migratórias escolheram como local de repouso a sua concentração nessa região atinge 970 espécies. A reserva atrai pesquisadores, cientistas, juízes da beleza das aves e amadores do ecoturismo e da recreação. Especialmente onde existe uma magnífica atração: É possível, como os pássaros, dissecar o espaço aéreo da falsa estrada. Não muito longe da reserva do parque estende-se o jardim de borboletas e orquídeas. E na capital do Panamá pratsyuyeMizhokeanskyy Museum. Em suma, os hóspedes do hotel ecológico Canopy Tower nunca ficam entediados.

O primeiro hotel ecológico está localizado nas montanhas do sul da China Nankun (Fig. 6.6). Esta região bioriznomanitnyy, que são cerca de 2 mil animais e plantas foi declarado um parque nacional, e agora aqui no território de 260 quilômetros quadrados de desenvolvimento de eco-turismo.

O Hotel Crosswaters (Fig. 6.7) foi construído na floresta de bambus, na intersecção de dois rios de montanha, que prejudicam a natureza da região de Nezavdayuchy. Uma equipa internacional de arquitectos e designers, bem como um mestre de feng shui, trabalharam para criar o complexo arquitetónico, que recebeu um prémio pelo seu excelente desempenho.

Fig. 6.5. Projeto *Helix Hotel*

Fig. 6.6. O primeiro eco-hotel na China

Os jardins tradicionais com lagos de lótus, reflexos do mês, borboletas, arroz orgânico e esculturas de bambu familiarizam os visitantes com a perceção poética chinesa da arquitetura paisagística. Na construção foram utilizados materiais locais e reciclados: telha de barro, mármore, pedra de rio, madeira reciclada e, claro, bambu. O bambu foi utilizado como elemento estrutural no interior, bem como no fabrico de mobiliário. O hotel é reconhecido como o maior projeto do mundo com grande utilização deste recurso em rápida redução. O bambu está presente noutras formas, como na culinária - Restaurante de comida chinesa saudável ou numa base cosmética - spa orgânico, que para além de utilizar bambu utiliza floresta de plantas subtropicais, mel, néctar e chá. O hotel ecológico organiza caminhadas e passeios de bicicleta na reserva para observar aves e animais, passeios a cascatas, natação, passeios de barco nos rios da montanha e, à noite, aulas de astronomia. O Eco-Hotel Cross waters foi certificado com êxito ao abrigo das normas ecológicas internacionais Green Globe e tornou-se um exemplo de responsabilidade social e ambiental para preservar o sistema ecológico da região e manter as tradições dos artesãos locais.

A principal tendência na formação de decisões de planeamento do espaço ekohotelyu é o princípio de utilizar apenas materiais amigos do ambiente.

O hotel ecológico "Adrere Amellal", situado entre as dunas de areia do deserto do Sara, há muito que atrai turistas de todo o mundo (Fig. 6.8). O hotel é construído com lama e sal, não tem eletricidade e todos os bens modernos da humanidade. No entanto, todos os quartos são reservados com meses de antecedência. Todos os materiais utilizados para a construção e equipamento do hotel são exclusivamente de origem natural. 27 edifícios foram construídos perto das montanhas egípcias, perto de um lago de sal gigante. As janelas de cada um dos quarenta quartos do "Adrere Amellal" têm vista para o maravilhoso panorama - oliveiras e palmeiras, lagoas tranquilas e dunas de água bizarras do deserto da Líbia. Surpreendentemente, este hotel não tem iluminação, tomadas telefónicas ou mesmo pessoal.

Os quartos diurnos são iluminados pelo sol, mas mais perto da escuridão, acendem-se centenas de velas. Até a água da piscina provém de lençóis freáticos e é filtrada naturalmente. Quando um turista entra no "Adrere Amellal", fica automaticamente in vivo.

É de salientar que, à chegada, todos os visitantes entregam roupa branca feita de materiais naturais. É dada especial atenção à comida que é servida no "Adrere Amellal". Todos os produtos produzidos e cultivados no local. Tem a sua própria quinta, jardins, padaria e muito mais. A comida é preparada exclusivamente a partir de seus próprios alimentos orgânicos, o hotel não entregou nada estranho. No hotel ecológico não existe uma sala de jantar permanente. Cada um é coberto num novo lugar, ou as mesas no terraço à beira do lago ou no seu quarto ou na gruta cujas paredes são cobertas com cristais de sal.

A principal tendência deste hotel ecológico é o princípio da utilização de tecnologia eficiente em termos energéticos e de materiais de construção amigos do ambiente, bem como a forma ecológica de eliminação de resíduos.

O projeto Apeiron do gabinete de arquitetura Sibarite só está em construção (Fig. 6.9). Este hotel insular planeado tem um total de 200.000 metros quadrados.

Prevê-se que 350 quartos de luxo sirvam helicópteros e que cada residente tenha o seu próprio iate. O hotel recebeu o seu nome da teoria cosmológica do século VI a.C. Os hóspedes terão à sua disposição praias privadas, restaurantes, galerias, lojas, cinemas e piscinas. Aqui se pode traçar esta tendência que leva o projeto a conceber o eco-hotel como o princípio da utilização de métodos ecológicos de eliminação de resíduos.

Outro lugar para ficar num futuro previsível no espaço - a Estação Espacial Skywalker (Fig. 6.10). A Estação Espacial foi projectada em Las Vegas e tem um custo estimado de quinhentos milhões de dólares. Já foi lançada a primeira fase de construção do Génesis e do aparelho de energia solar. A estação planeia abrir em 2015. É a principal tendência é o princípio da utilização de tecnologias de poupança de energia e de fontes de energia alternativas.

Fig. 6.7. Hotel Águas cruzadas

Fig. 6.8. Projeto *Helix Hotel*

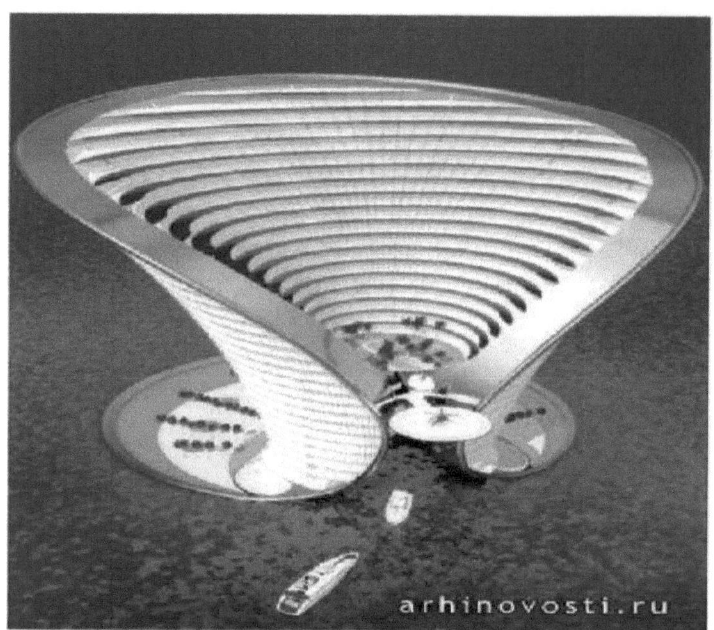

Fig. 6.9. Projeto *Apeirona*

Fig. 6.10. *Estação espacial Skywalker*

A conceção de um hotel ecológico moderno exige não só a utilização de normas e regras de conceção e construção de tais instalações, mas também que estas sejam concebidas e construídas tendo em conta o sistema ecológico específico. Assim, a base das decisões arquitectónicas de um hotel ecológico moderno deve colocar os princípios ambientais da formação deste tipo de estruturas.

CONTROLO DE QUESTÕES E TAREFAS

1. Quais são as características da formação de complexos hoteleiros de arquitetura ecológica?
2. Descreva um dos mais luxuosos hotéis ecológicos existentes no mundo.
3. Descrever as estruturas características do Poseidon Undersea Resort.
4. Quais são as principais tendências de design de hotéis ecológicos no mundo?

Capítulo 7
ÚLTIMAS TENDÊNCIAS NA FORMAÇÃO DA ARQUITECTURA AMBIENTAL DE EDIFÍCIOS ALTOS

Nos anos 70 do século XX surgiu em todo o mundo a ideia da criação de cidades ecológicas inteiras. As cidades ecológicas são um sistema ecológico estável. A maior parte da energia que recebem vem do sol. Com o passar dos anos, os frutos-coortes começaram a ideia de construir arranha-céus e verdes, o que afecta a sua criatividade, tecnologia avançada, originalidade, a capacidade de utilizar eficazmente os fenómenos naturais e, o mais importante, não causar danos ambientais.

Assim, uma das tendências actuais na configuração da arquitetura de edifícios altos é a construção de arranha-céus com base em materiais orgânicos. O seu conteúdo é. que os arranha-céus são construídos inteiramente com materiais que não prejudicam a saúde ou o ambiente.

Um exemplo notável de arquitetura ecológica é o centro cultural com o nome de Jean-Marie Djibo em Noumea, a capital da Nova Caledónia, uma ilha do Pacífico, construído pelo arquiteto italiano Renzo Piano. Piano utilizou aqui elementos da cultura indígena: imagens de plantas locais, materiais naturais.

Nas áreas metropolitanas modernas, muitas vezes agem de forma diferente, não casas "inscritas" na paisagem natural, mas sim - a natureza "inserida" no edifício. Por exemplo, o famoso arquiteto francês Jean Nouvel na sua casa Cartier em Paris, os cedros libaneses plantados no início do século XIX, tornaram-se parte do interior. O Centro Cultural e de Congressos de Lucerna, na Suíça, é partilhado por várias bacias que "rimam" com o lago vizinho - o principal elemento da paisagem. Em rigor, não se trata de arquitetura ecológica, mas de arquitetura com elementos naturais.

O conceito de arranha-céus ambiental Hypergreen foi concebido pelo arquiteto francês Jacques Ferr'ye e pela empresa "Lafarge". Este arranha-céus ambiental de 246 metros cumpre os seguintes critérios de construção ecológica:

- materiais sem comprometer o ambiente;
- a mais recente tecnologia de construção;
- atenção constante ao ambiente;
- Os elementos estruturais dos arranha-céus (lajes, paredes, colunas) são feitos de betão, o que reduz a quantidade de trabalho e o ruído durante a construção, tendo um aspeto mais estético do que as tradições de betão.

Características do arranha-céus:
- turbinas eólicas no telhado de um hiyu gerador de eletricidade;
- área 3.000 m² células solares convertem a luz solar em energia;
- A "rede" reduz a necessidade de aquecimento e arrefecimento através da regulação da ventilação;
- recolher a água da chuva para utilização nas casas de banho e para

regar os espaços verdes.

Exemplos de tais arranha-céus podem ser o arranha-céus ecológico Hypergreen (Fig. 7.1), o Zhengzhou Mixed Use Development - complexo multifuncional na China (Fig. 7.2) e o Tour Phare - (no futuro) o arranha-céus mais alto de Paris (Fig. 7.3).

Hoje em dia, na Europa, estão a ganhar cada vez mais popularidade não só as casas, mas também os escritórios que parecem fundir-se com a natureza: estão normalmente situados longe das cidades, achatados no chão, de modo a que pareça que a natureza penetra nestes edifícios.

Considere-se a tendência para a conceção de arranha-céus, cuja arquitetura cria as chamadas "fachadas verdes". Uma das características destas fachadas de arranha-céus é a plantação de árvores que limpam o ar e reciclam o dióxido de carbono em oxigénio.

Uma das suas funções é também a proteção contra o sol.

Um exemplo é o Galaxy Yabao Hi-Tech Enterprises Headquater Park - Projeto de integração harmoniosa da cidade moderna no ambiente rural (Fig. 7.4).

Para introduzir a vida selvagem como um elemento forte da arquitetura moderna, os patrocinadores integraram vegetação nas fachadas de um arranha-céus ultra-moderno.

Fig. 7.1. O arranha-céus ecológico Hypergreen

Fig. 7.2. *Desenvolvimento de uso misto de Zhengzhou*

Fig. 7.3. Arranha-céus em *Tour Phare*

Fig. 7.4. Projeto de integração harmoniosa da cidade moderna no meio rural Parque da sede
da Galaxy Yabao Hi-Tech Enterprises

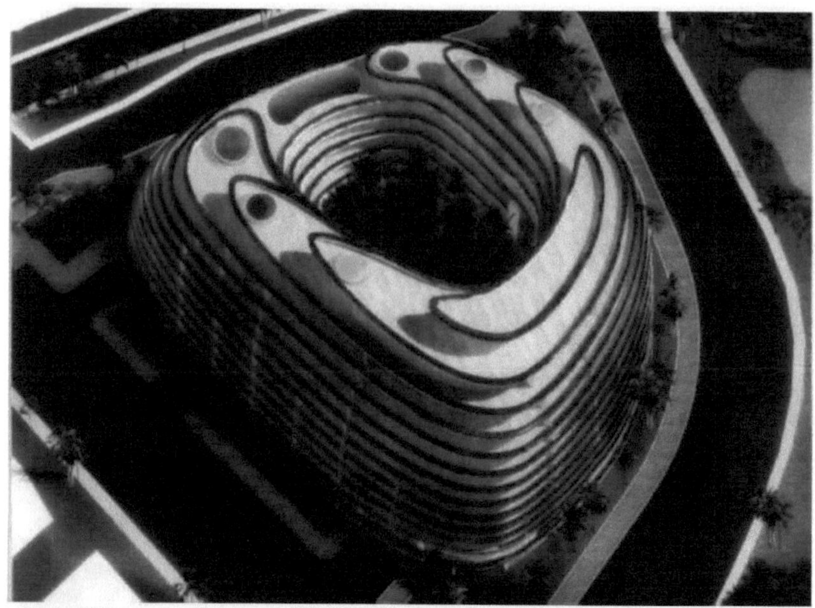

Fig. 7.5. Projeto da parcela D

As inclusões assimétricas de riscas verdes erguem-se a partir do nível do solo ao longo das fachadas de um edifício estreito e alto, localizando-se nos jardins do telhado, equilibrando a troca de calor.

Fachadas com inclusões verdes - inovação progressiva na arquitetura do futuro - criando uma nova estética ecológica, melhorando o microclima no interior e no exterior dos edifícios, neutralizando a poluição do ar e produzindo oxigénio 24 horas por dia.

Fachadas verdes que utilizam um sistema de esgotos, um sistema de fertilizantes orgânicos e câmaras subterrâneas complexas que arrefecem o ar e o alimentam numa série de pátios abertos. Para além disso, estes edifícios envolvem plenamente tecnologias avançadas que ajudam a moldar a temperatura, a qualidade do ar e o clima no interior.

Outra tendência é o representante da Green Parcel D - um projeto concebido pelo estúdio de arquitetura americano Oppenheim Architecture + Design (Fig. 7.5).

Decidiu integrar um terraço verde num edifício de apartamentos de arquitetura circular, cuja construção está prevista em San Juan (Porto Rico).

Os sistemas de recolha, armazenamento e filtragem da água da chuva destinam-se a cuidar da vegetação densa e tendem a poupar os recursos hídricos da região.

Uma das tendências é a conceção e construção de arranha-céus, uma solução construtiva que se baseia na utilização de algas.

A função das algas é muito elevada, e serão utilizadas como biocombustível, processamento de fertilizantes, filtro de carbono para águas residuais, etc.

O primeiro projeto do arquiteto britânico Dave Edwards - FSMA Tower - é uma casa, cujo desenho será completamente coberto por vegetação aquática. Ela desempenhará uma série de funções (Fig. 7.6).

De acordo com Edwards, as algas são tanto na hlynaty dióxido de carbono, usado como um fertilizante natural e como um biocombustível. Além disso, actuarão também como um filtro natural para as águas residuais. E os residentes dos edifícios altos poderão obter ar, água, alimentos, luz e calor para ambos. Os especialistas calcularam que uma estrutura deste tipo pode absorver num ano cerca de duzentas e cinquenta mil toneladas de dióxido de carbono por ano, se a área ekofasada for de quarenta e quatro mil metros quadrados.

Outra tendência na modelação da arquitetura das estruturas ambientais é a conceção e construção de arranha-céus que têm a capacidade de derivar a extensão de água.

Estes arranha-céus utilizam a energia eólica, a biomassa flutuante da Terra, e são capazes de satisfazer todas as necessidades das pessoas. Estima-se que os arranha-céus tenham cerca de 50 000 habitantes. Nos arranha-céus flutuantes há também um lugar para gado, recreio, sectores de trabalho, zona residencial. A escala destes arranha-céus é muito grande, é uma das suas características. Um exemplo é o "Green float" - ilha ecológica e autossuficiente no oceano (Fig. 7.7).

A maioria dos residentes da ilha viverá na "Cidade Celestial" - um arranha-céus com um quilómetro de altura que ocupa o centro da célula. Outros vivem em áreas residenciais à volta da célula fronteiriça.

A torre central será cercada por pastos e florestas, através dos quais podemos supor que eles podem prover para si mesmos as necessidades. A expressão "Cidade Celestial" designa um local e quintas especializadas na criação de gado e outras produções agrícolas.

O principal material de construção para a produção de torres patrocina as chamadas ligas de magnésio super-leves, extraídas da água do mar. Os inventores dos primeiros centros de construção querem chegar a 2025.

Outra tendência na configuração da arquitetura dos edifícios são os eco arranha-céus laboratórios. A tendência para construir estes arranha-céus é que os cientistas estejam tão perto da natureza, porque estes arranha-céus ou estão debaixo de água ou algures no deserto. É aí que os cientistas podem viver e realizar as suas experiências. Estes arranha-céus são feitos exclusivamente de materiais amigos do ambiente e têm uma forma biónica.

Fig. 7.6. O primeiro projeto do arquiteto britânico Dave Edwards - FSMA Tower

Fig. *7 J*. Ilha ecológica autossuficiente no
oceano "Green float"

Os arranha-céus podem mover-se de forma independente, utilizando a corrente.

Por exemplo, o Sea Orbiter - o primeiro navio vertical do mundo (Fig. 7.8). Este projeto é um submarino de investigação, concebido pelo francês Jacques Ruzheri. A conceção do navio, quase toda a tecnologia "verde" avançada, tornando-o o mais "limpo" de um ponto de vista ambiental. O Scrolls Sea Orbiter é alimentado principalmente pelas correntes marítimas e oceânicas, pela luz solar, pelas ondas e pelo vento, que também fornecem a energia de todos os sistemas do navio e, se necessário, para se deslocar ou para obter energia adicional, utiliza biocombustíveis "cultivados" e produzidos diretamente na estação.

Outra tendência na formação da arquitetura ecológica é a conceção de arranha-céus altos que não se destinam às pessoas, mas às necessidades da natureza. Estes arranha-céus diferem dos outros pelo facto de serem concebidos para a vida. Um arranha-céus ecológico construído com esta tendência pode filtrar o ar, as nuvens, reciclar a água para as suas aldeias e cidades costeiras e assim por diante. Esta tendência representa o Himalaya Water Towers - o melhor arranha-céus de 2012 (Fig. 7.9).

Esta série de arranha-céus, concebida para melhorar a situação ambiental no mundo, fornece os recursos necessários aos habitantes das aldeias e cidades vizinhas.

Estes arranha-céus serão construídos no alto dos Himalaias. A sua principal tarefa é transformar as nuvens em água, que depois cairá no sistema de abastecimento de água das povoações localizadas perto do complexo e longe dele. Além disso, serão construídas torres de água nos Himalaias e até turbinas eólicas que produzem eletricidade para as necessidades dos habitantes das regiões montanhosas da China.

Um projeto interessante que nos permite compreender quais as abordagens que serão estáveis num futuro próximo, o gabinete de arquitetura Mekano Studio demonstra, chamado "Seeds of Life" ou "sementes de vida" (Fig. 7.10).

Fig. 7.8. O submarino de investigação do projeto Sea Orbiter

Fig. 7.9. Himalaya Water Towers - o melhor arranha-céus de 2012

Fig. 7.10. O projeto do gabinete de arquitetura Mekano Studio denominado "Seeds of Life"
(Sementes da Vida)

Com base no conceito dos arquitectos, não é tanto o produto da vida da metrópole (neste caso, o Cairo) como o "embrião" a partir do qual pode surgir algo novo. Parte-se do princípio de que o arranha-céus "infinito" se erguerá graças a módulos individuais que se apoiarão num suporte forte.

Os arquitectos propuseram-se construir a casa numa das zonas mais densamente povoadas e com mais ervas daninhas da capital egípcia, onde se encontram muitos sem-abrigo, e implementar projectos de arquitectos para atrair pessoas pobres sem habitação. Prevê-se que estas pessoas participem mais ativamente na reciclagem de resíduos e na construção de um arranha-céus.

Um exemplo de tendências que serve para melhorar a natureza é um arranha-céus-turbina de resíduos para Nova Deli (Fig. 7.11).

Рис. 7.11. Хмарочос-турб!на з в!дход1в для Нью-Дел!

Será criado com avtomotlohu. Todas as peças metálicas e os velhos Volvo, Ford, Audi e outros irmãos menos famosos com corações de ferro transformam-se em material de construção. Trata-se de uma enorme recuperação, equipada com turbina eólica para filtragem do ar através de membranas que retardam as partículas poluentes. Além disso, nos andares de um arranha-céus são armazenadas estufas com inúmeros espaços verdes que servem de fonte para a produção de alimentos e biocombustíveis. Esse arranha-céus é também uma espécie de estufa vertical-jardim. Uma turbina eólica no centro do edifício e painéis fotovoltaicos produzem eletricidade limpa para a cidade. O que é necessário para uma das cidades mais desfavoráveis do ponto de vista ecológico.

A tendência não menos interessante da formação da arquitetura dos arranha-céus ecológicos é a dos arranha-céus horizontais.

Os arquitectos franceses Yoann Mescam, Paul-Eric Schirr-Bonnans e Xavier Schirr-Bonnans apresentaram o projeto de arranha-céus horizontal em forma de cúpula "Flat Tower", que acumula energia solar e água da chuva e permite a um avião combinar uma área de lazer com escritórios e habitações, graças a uma base leve e a amplas escotilhas de luz (Fig. 7.12).

Uma das tendências interessantes na configuração da arquitetura de edifícios altos é a conceção e construção de arranha-céus ecológicos que resolvem o problema da poupança de água. O principal objetivo dos arranha-céus é recolher a água da chuva em tanques que se encontram no interior dos edifícios, limpá-la e fornecê-la para uso dos residentes do arranha-céus. Exemplo - o projeto "Capture the rain" (Fig. 7.13).

A ideia da torre é que os residentes possam usufruir da água do rio e da água da chuva. A precipitação acumular-se-á no arranha-céus num tanque especial localizado no telhado, e o abastecimento regular de água será feito com água de um rio próximo. No entanto, recomenda-se que a água da chuva seja utilizada por um técnico, pois passará certamente por todo o tipo de filtros.

Os peritos estimam que os residentes pouparão cerca de 70-90 litros de água por dia.

Fig. 7.12. Arranha-céus horizontal em forma de cúpula "Torre plana"

Fig. 7.13. O projeto "Capturar a chuva"

Parece que a segurança alimentar é outra tendência no planeamento urbano. E uma das formas de garantir essa segurança pode tornar-se numa quinta gigante - são construídos arranha-céus no centro da cidade.

Este é um projeto único para o edifício de Nova Iorque - Dragonfly ("Libélula") (Fig. 7.14).

Em 132 pisos situar-se-ão estufas e plantações para a produção de culturas alimentares. O autor do projeto é o arquiteto belga Vincent Kallebot (Vincent Callebaut). Presume-se que o edifício será totalmente fornecer-se com a energia do sol e do vento. O local para a construção na ilha forneceu Roosevelt, perto do centro de Nova York (entre Manhattan e Long Island).

Para resolver o problema alimentar, que é particularmente grave no Dubai, a empresa italiana de arquitetura Studiomobile propôs-se construir uma quinta vertical - uma torre com um design futurista (Fig. 7.15). Esta torre, vista de fora, assemelha-se a uma planta exótica com folhas grandes. Cada letra - uma verdadeira plantação, onde serão cultivadas várias culturas alimentares. As quintas convencionais e a quinta agrokulturnogo consomem água doce. Os arquitectos mexicanos do estúdio Cachoua Torres Camilletti desenvolveram um conceito para a nova geração de arranha-céus de Hong Kong (Fig. 7.16).

O edifício incluirá 92 andares de campos de arroz, pisciculturas, plantações, fábrica de processamento de algas e até o seu próprio sistema de transportes públicos.

O edifício está dividido em duas partes - uma para habitação e outra para escritórios, comércio e organizações de entretenimento. Túnel aéreo com comboios e autocarros e transporte de passageiros entre as várias partes desta mini-cidade.

Apesar da ênfase na dualidade das torres ligadas por um grande número de pontes pedonais e treliças estruturais, criando uma aparência de unidade.

A forma orgânica do edifício inspira-se nas formações rochosas chinesas, e o espaço entre as duas torres cria um desfiladeiro artificial original, onde se encontra um enorme jardim de esmagamento.

Fig. 7.14. Edifício para Nova Iorque - Libélula

Fig. 7.15. Torre agrícola vertical com um design futurista

Fig. 7.16. Conceito de uma nova geração de arranha-céus, Hong Kong

Nos socalcos situam-se os campos de arroz, porque o arroz é o alimento básico e o símbolo da China.

Atualmente, os principais centros europeus de aglomerados de arranha-céus são Londres, Paris (La Defense), Frankfurt, Varsóvia e Roterdão. Em Moscovo, numa área de 100 hectares, foi construído o bairro Moscow City - um complexo de arranha-céus de diferentes finalidades. Entre cerca de uma dúzia de edifícios destaca-se a Federation Tower - o arranha-céus mais alto da Europa, cuja construção está prevista para terminar em 2017. A torre tem uma altura de 354 metros e será composta por 93 andares. Na Europa, a constante rivalidade na construção de arranha-céus e a sua qualidade única deram, em certa medida, lugar à corrida pela sua altura. Grande importância em termos de prestígio tem o seu arquiteto de arranha-céus e uma abordagem equilibrada do estilo arquitetónico.

O segundo mais alto é o "Taipei 101" (Taipei 101). A sua construção começou em 1999 e terminou em 2003. A altura do telhado de 449,2 m a 509,2 m e a antena, contando mais de 101. Este arranha-céus tornou-se um símbolo de Taiwan. Tendo em conta a antena, a Torre Siars em Chicago é mais alta, contabilizando 527 metros, mas o telhado - 442 metros. Assim, a Taipei 101 Tower Siars está 7,2 m à frente.

Assim, no final, salientamos que os projectos globalmente ekohmarochosiv futuro incluem não só a forma de construção, utilizando vários ekomaterialiv mas também a sua nomeação prospetiva. Eles servem não só as pessoas, mas também a natureza, para preservar a vida humana e a vida da Terra.

CONTROLO DE QUESTÕES E TAREFAS

1. Descrever o conceito e as características de um arranha-céus Hypergreen Jacques Ferr'ye.
2. Dar exemplos de arranha-céus ecológicos.
3. Que fachadas verdes especiais?
4. Quais são as principais tendências dos arranha-céus?

Capítulo 8
PRINCÍPIOS AMBIENTAIS DE FORMAÇÃO DA ARQUITECTURA HOSPITALAR MODERNA -SANITÁRIA
SISTEMAS

Hospital, centros de saúde - um projeto e construção de edifício único que deve satisfazer muitos critérios, de acordo com o seu destino. Nas últimas décadas, a violação do equilíbrio natural e a poluição tornaram-se particularmente dramáticas. A utilização de um grande número de materiais de construção sintéticos com uma elevada percentagem de poluentes nos edifícios modernos levou a uma deterioração acentuada da saúde das pessoas que os operam. Um dos problemas é a construção ecológica.

A construção ecológica mais urgente é a conceção e construção de hospitais e sistemas de saúde, porque graças a certos princípios de conceção e construção ecológica, este tipo de construção apoia e reforça a saúde dos doentes e a sua estadia confortável e segura na casa e na zona.

Os três principais objectivos do planeamento ambiental são:

- salvar a saúde humana;
- ambiente limpo;
- poupança de energia.

A conceção ambiental dos hospitais e dos sistemas de saúde assenta em determinados princípios, nomeadamente: respeito pelo ambiente dos materiais de construção, poupança de energia, fontes de energia alternativas (colectores solares, caldeiras e materiais de combustão de qualidade e eficazes do ponto de vista energético) e eliminação adequada dos resíduos. No entanto, é necessário utilizar um sistema de aquecimento e arrefecimento dos edifícios que seja confortável e saudável para o ser humano.

Edifício ecológico - não se trata de uma estufa com uma atmosfera totalmente artificial durante o mesmo ano. Casa ecológica - uma casa saudável onde o microclima máximo admissível se aproxima do clima natural, dando às pessoas a oportunidade de sentir as mudanças no espaço exterior, as alterações das condições meteorológicas, oferecendo-lhe ao mesmo tempo o máximo conforto térmico e uma atmosfera saudável com humidade constante.

Em termos gerais, cada edifício ecológico deve ser de baixo consumo energético e criar um clima saudável para a utilização de materiais ecológicos, bem como reduzir os encargos para o ambiente através da utilização de novas tecnologias (energias alternativas, tratamento local de águas residuais, gestão de resíduos, etc.).

O primeiro centro de hipoterapia na Ucrânia, que não tem análogos nem na Europa nem nos países pós-soviéticos, planeia construir para o tratamento e reabilitação de crianças com paralisia cerebral e autismo (Fig. 8.1). A arquiteta-chefe Anna Kiriy abordou a questão de forma abrangente, tendo em conta, ao projetar uma gama completa necessária para tais serviços Challenger, o tratamento, a reabilitação e o relaxamento psicológico. Sam planeia construir um centro de fontes de energia alternativas e eco-tecnologias, o que significa a criação de colectores solares, a instalação de combustão de biocombustíveis, bombas de calor, e sistema autónomo de esgotos e água e irrigação em circuito fechado. O projeto prevê um complexo de ekoahrarnyy e a reciclagem de resíduos orgânicos, de modo a que toda a área do complexo, com mais de 5 hectares, funcione para o sistema de circuito fechado (sustentar-se de forma independente).

A tendência igualmente importante da formação da arquitetura dos centros de saúde hospitalares ambientais é o cumprimento dos requisitos especiais da construção e conceção deste tipo de estruturas.

A conformidade com os requisitos especiais de construção e conceção ambiental de hospitais e sistemas de saúde inclui:

• utilizar menos energia na produção de materiais de construção, no aquecimento, na refrigeração e na ventilação dos edifícios;

• utilização de energia, que tem a capacidade de se curar a si própria;

• reciclagem e reutilização de resíduos sem efeitos nocivos para o ambiente;

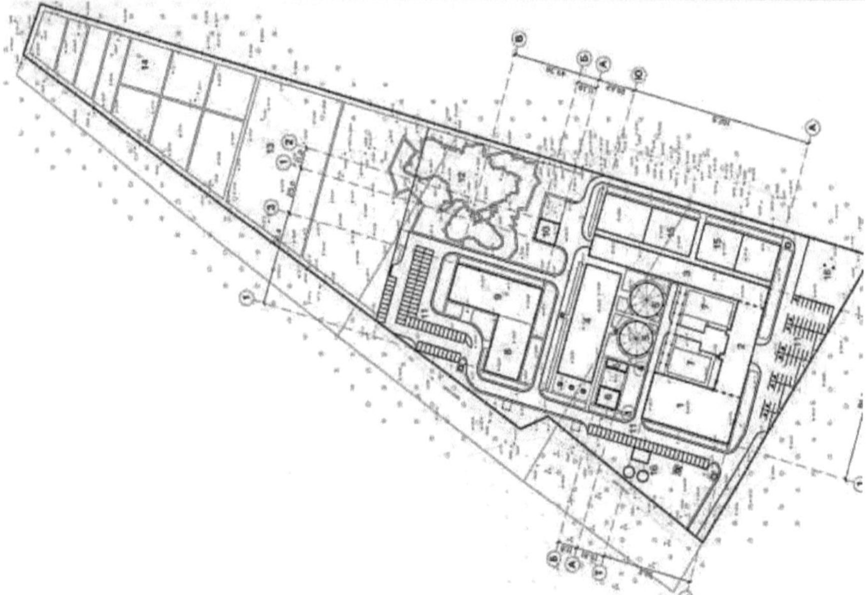

Fig. 8.1. Primeiro centro de hipoterapia na Ucrânia

- materiais naturais e amigos do ambiente;
- assegurar o fluxo natural dos processos no ambiente.

Para satisfazer requisitos especiais e conceber o edifício, as instituições médicas e de saúde têm de conceber um edifício, normalmente com um máximo de nove pisos. Devem ser concebidas e instaladas ajudas e dispositivos para os doentes (rampas, corrimãos, pegas, alavancas, varões).

A poupança de energia e a eficiência ambiental do edifício são determinadas por uma combinação de factores:

- seleção do local para a construção, materiais e estruturas ecológicas;
- utilização passiva e ativa da energia, com capacidade de restauração;
- equipamento de engenharia de energia rentável, etc.

Por exemplo, a estância ecológica termal em Espanha (Fig. 8.2). Hotel, restaurante, spa, laboratório e produção de cosméticos totalmente abastecidos de energia, água quente e aquecimento através de uma instalação geotérmica avançada.

O edifício recebeu o prémio de arquitetura ecológica, tendo sido construído com lava natural e madeira altamente resistente. Todo o conjunto se enquadra perfeitamente na paisagem de fantásticos lagos azuis e formações vulcânicas cobertas de musgo. A estância recebeu durante cinco anos consecutivos a Bandeira Azul que indica a pureza ecológica das suas águas e da sua costa.

A criação de estruturas espaciais internas ecológicas e de conforto para apoiar e promover a saúde, a segurança e o conforto das pessoas é outro exemplo da tendência para a formação de uma arquitetura ecológica dos hospitais e dos sistemas de saúde.

A escolha dos materiais de construção para os hospitais e instituições de saúde modernos é determinada pelo desejo de proteger os doentes dos efeitos nocivos dos materiais de construção tóxicos, reduzir o risco de acidentes e incêndios. A escolha dos materiais nos hospitais deve satisfazer requisitos especiais, tais como a possibilidade de fácil limpeza, lavagem, desinfeção e responder a ideias sobre o ambiente da existência humana.

A ecologia do espaço interior do edifício é conseguida através de:

- utilização de materiais de construção ecológicos que não emitam emissões nocivas durante o seu funcionamento;
- localização a sul de um grande número de janelas que permitem uma excelente insolação, um calor adicional "gratuito" muito agradável e saudável e um contacto visual constante com o ambiente;
- fechamento total do edifício a norte (parede em branco sem janelas), localização a norte das zonas subsidiárias que serviriam de "tampão térmico" entre o espaço habitacional frio e quente;
- colocação de isolamento de qualidade;
- rejeição da convecção no aquecimento e arrefecimento dos edifícios, levando ao sobreaquecimento e secagem do ar no inverno e à sua hipotermia

significativa no verão.

A ventilação controlada de edifícios ecológicos cria condições quando o ar quente, "usado" não está disponível através de uma janela na atmosfera, e passa através do equipamento especial e sobre o permutador de calor o ar fresco de calor. Assim, em primeiro lugar, o ar quente entra na atmosfera e não está ligado a um clima de aquecimento, e em segundo lugar, o ar fresco entra na sala já pré-aquecido o que garante não desagradável para os processos humanos - rascunhos. A nova abordagem à conceção dos edifícios de tipo antigo centra-se nos edifícios passivos ambientais que mantêm naturalmente condições de vida estáveis e confortáveis. Por isso, o edifício inclui as seguintes especificações técnicas:

- unidades de quarto ventiladas e com sombra;
- lago, que proporciona o equilíbrio térmico;
- câmaras com janelas, à sombra do sol no verão;
- átrio com um jardim de inverno.

Um exemplo é um hospital nos subúrbios de Madrid ReyJuanCarlos (Fig. 8.3).

A máxima funcionalidade, a luz, o ar e a tranquilidade reflectem-se no projeto do atelier Rafael de La-Hoz Arquitectos. Cor ridors estão localizados no interior do edifício de habitações anulares. Deles através de uma parede de vidro transparente, forma curva do edifício, uma bela vista do átrio e áreas de lazer.

Os cuidados hospitalares destinam-se a 180 mil pessoas de 20 municípios. As torres de habitação têm a forma de edifícios concêntricos com pátios - átrios, fechados por todos os lados.

No topo dos jardins do átrio, junto aos telhados, foram instalados toldos em ângulo. Assim, proporcionam um sistema de ventilação natural.

Uma tendência igualmente importante na formação da arquitetura ecológica dos hospitais e dos sistemas de saúde é a utilização do ambiente "externo" (orientado para o exterior).

Existem alguns princípios de ambiente "externo":

- utilizar menos energia na produção de materiais e estruturas de construção;
- a utilização de materiais de construção, a produção, o funcionamento e a eliminação não são favoráveis ao ambiente (sem efeitos nocivos e emissões);
- reciclagem e reutilização de resíduos sem efeitos nocivos para o ambiente;
- utilizar menos energia no aquecimento, arrefecimento e ventilação dos edifícios;
- utilizando sistemas de engenharia com medidas de elevada eficiência baseadas em energia que têm a capacidade de se curar a si própria.

Um exemplo da aplicação destes princípios pode ser o projeto "Centro Ucraniano de Proteção de Mães e Filhos - Hospital Infantil do Futuro" em Kiev

(Fig. 8.4).

É invulgar na Ucrânia pela sua dimensão (área útil - 53 000 m2, capacidade - 250 camas) e pela utilização ativa das conquistas da arquitetura "verde". Com um lago artificial, parte do conjunto hospitalar pode recusar o ar condicionado, a sala arrefecerá devido à inércia térmica dos lagos, a construção hospitalar utiliza ativamente a árvore como um dos materiais mais ecológicos.

Fig. 8.2. Eco-resort termal em Espanha

A formação da arquitetura ecológica dos hospitais e sistemas de saúde está intimamente relacionada com a área de planeamento. Na escolha de um local para este tipo de edifício devem ser considerados: clima, topografia, orientação do edifício para o horizonte das festas, iluminação ou escurecimento do local, força e direção dos ventos, segurança do edifício, vegetação.

O espaço para as instalações terapêuticas deve ser selecionado de acordo com quatro critérios principais:

1. Factores envolventes. A zona deve ser homogénea e estar localizada longe de fontes que criem poluição e ruído.

2. As características geológicas. Evitar as zonas sujeitas a terramotos ou sismos para escolher uma conceção.

3. Factores urbanos. O local dos favoritos deve ser facilmente acessível aos potenciais utilizadores, aos serviços e aos carros de bombeiros, à entrega conveniente e à remoção de resíduos. Os transportes públicos e os serviços públicos (água, gás, eletricidade, esgotos) devem ser acessíveis.

4. Uma quantidade suficiente de território. A área deve permitir algumas opções de expansão. Um exemplo é o projeto de um sanatório em Moscovo (Fig. 8.5). Para a construção foi selecionado um local com uma paisagem magnífica. A área total da área minada - 43,64 hectares. Disponível entrar no território dos arquitetos manter, integrando-os no movimento circular anel a partir da entrada da frente do edifício principal.

Entre a entrada ao longo da fronteira ocidental da área de base económica, o complexo da estação de captação de água, a casa das caldeiras e o albergue. Assim, as instalações de infra-estruturas são uma espécie de ecrã que protege as principais instalações do resort dos olhos de quem passa. A única exceção é o edifício do centro de entretenimento e convenções, que está projetado na entrada principal norte e serve de cartão de visita a todo o complexo. Este edifício em termos de ramos lá por várias razões.

Fig. 8.4. Hospital Pediátrico do Futuro "em Kiev

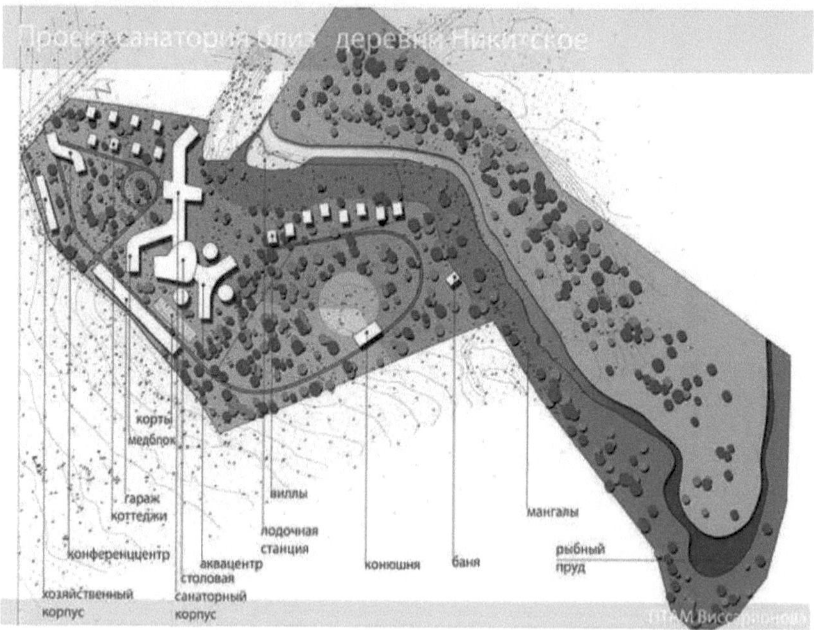

Fig. 8.5. Projeto de resort nos subúrbios

Em primeiro lugar, os arquitectos quiseram reunir num só volume todas as funções básicas da futura estância: nos dias muito frios de inverno ou nos dias húmidos de outono, os visitantes podem passar da sala de jantar para o spa sem sair da rua. Em segundo lugar, a altura dos edifícios não ultrapassava os 3-4 pisos, o que também contribuiu para a sua forma alongada.

É importante que, devido ao pequeno número de pisos e às árvores circundantes, as janelas sejam vistas como estâncias localizadas perto de edifícios.

Assim, do que precede, podemos concluir que a conceção de sistemas modernos de saúde ambiental-hospitalar exige não só a utilização de regras e regulamentos deste tipo de estruturas.

A essência dos requisitos especiais dos centros médicos e de saúde consiste em adaptar às instruções externas parâmetros subjectivos que permitam fazer previsões sobre o nível de conforto dos pacientes e do pessoal. Devem ser concebidos e construídos tendo em conta um determinado "ecossistema", ou seja, para eles deve ser criada uma norma ambiental distinta. As tendências acima referidas permitirão desenvolver uma norma ecológica para a construção deste tipo de estruturas.

A utilização de princípios ecológicos na formação da arquitetura dos hospitais e dos sistemas de saúde na conceção e construção modernas permite apoiar e reforçar a saúde dos doentes e a sua estadia confortável e segura no complexo.

CONTROLO DE QUESTÕES E TAREFAS

1. Qual a definição de "hospital e complexo de saúde"?
2. Quais são os objectivos da conceção ambiental de edifícios deste tipo?
3. Descrever as formas como o meio ambiente atingiu o espaço interno do hospital e do complexo de saúde.
4. Quais são os princípios da ecologia "externa"?
5. Dar exemplos da concretização do "ambiente externo" nos hospitais e complexos de saúde.

Capítulo 9

CARACTERÍSTICAS DA FORMAÇÃO DECISÕES DE PLANEAMENTO DO ESPAÇO COMPLEXO AMBIENTAL DE RECREIO E DE ENTRETENIMENTO

O ambiente urbano moderno é muito diferente do ambiente. As tendências tecnocráticas, centradas no desenvolvimento das cidades modernas, não são propícias a uma existência equilibrada e ao desenvolvimento da natureza. Na cidade moderna, o homem distorce a biosfera e está perfeitamente consciente das consequências destes desequilíbrios, deteriorando a saúde física e mental. É por isso que as condições da sociedade humana estão associadas a um aumento significativo do valor da reabilitação ambiental e da recreação. A saúde ambiental e as actividades de entretenimento estão intimamente ligadas às medidas ambientais, à expansão dos serviços de saúde, recreação, entretenimento e muito mais. Por conseguinte, a deteção de ekotendentsiy que conduzem à formação de decisões de planeamento do espaço de ekokompleksiv moderno recreativo e de entretenimento atualmente relevante.

Os problemas da formação de centros de arquitetura recreativa e de entretenimento envolveram muitos cientistas, arquitectos, tais como Cedars V., M. Polivanov, T. Feldman, Babak, B. Kryshtopa, I. Chernikov, P. Baran, S. Divishek, A.Bulhakov, Ivanov, N. Kyr'yanova, Vladimir Gusev, Alexander Maximov, V.Orzul A. Polyansky e cientistas nacionais, arquitectos, tais como Yuri Bocharov, Bozhok Y., M. Demin, G. Lavrik, Y.Lobanov V. Makuhin A. Marder, Moiseenko-Chepelyk, T.Panchenko, A. Podgorny, Repin, Ivan Rodichkin, Ivan Fomin, V.Shtolko outros.

Abordar a formação da arquitetura dos modernos ekokompleksiv recreativos e de entretenimento requer uma abordagem integrada porque, em primeiro lugar, temos de distinguir os princípios gerais e específicos que influenciam a formação e o desenvolvimento deste tipo de estruturas arquitectónicas (Fig. 9.1).

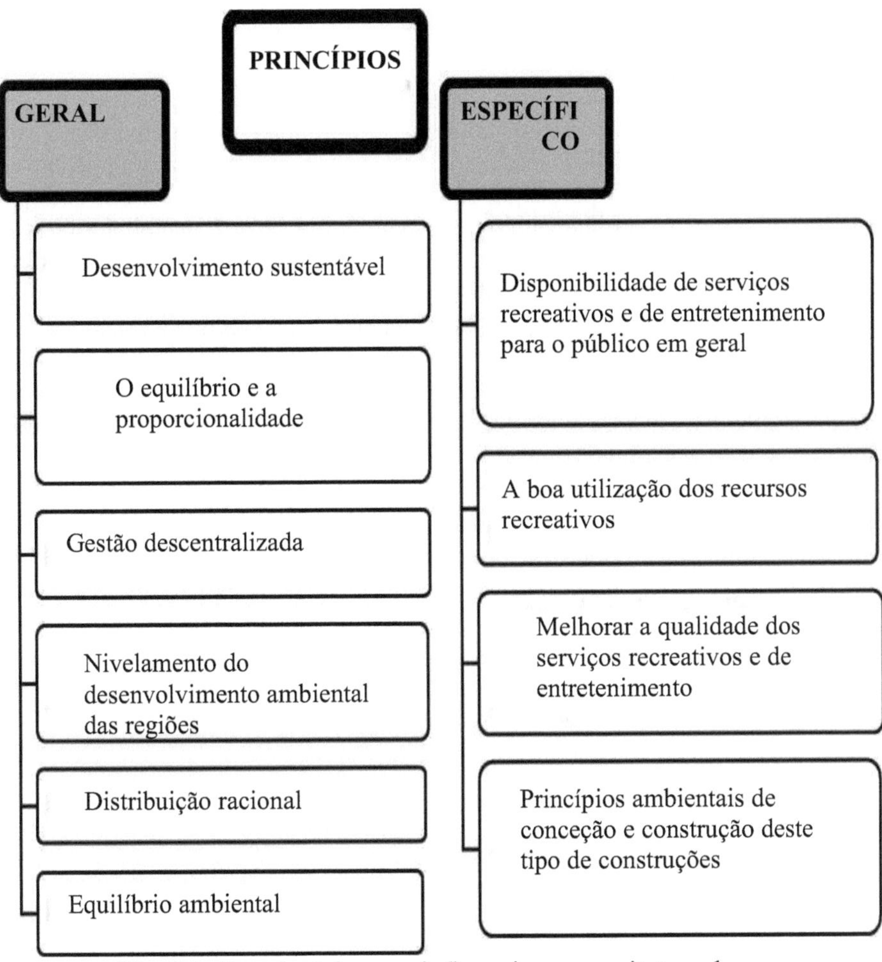

Fig. 9.1. Os princípios que influenciam a arquitetura dos ecossistemas de lazer e entretenimento.

Os objectos de arquitetura ecológica não destroem o ambiente e a sua estrutura interna é construída de acordo com o ambiente, de forma a não prejudicar a saúde humana.

Analisando o equilíbrio ecológico global das instalações recreativas e de entretenimento, é necessário prestar atenção não só à criação de um microclima ecológico no interior, mas também pensar na quantidade de energia que a estrutura necessita (no funcionamento, na construção e na produção de projectos individuais e na sua subsequente eliminação), de onde provém essa energia ou materiais de construção, de que forma a estrutura afecta o ambiente, que problemas gera a construção e os materiais de acabamento utilizados na construção ou no equipamento de engenharia durante o funcionamento, o fabrico e a eliminação.

O conceito arquitetónico total do complexo recreativo e de entretenimento ekobudivli inclui também a definição do equipamento de engenharia e da solução de fornecimento de energia. A maior parte da engenharia ambiental é constituída por equipamento baseado em fontes de energia renováveis. Isto inclui equipamentos como bombas de calor, colectores solares e outros.

As modernas instalações ambientais de saúde e lazer incluem: parques termais, salões de spa, parques aquáticos, centros de reabilitação, centros de saúde, etc.

Os conjuntos podem incluir: casas de lazer, alojamentos para procedimentos diagnósticos e terapêuticos, salas de reuniões, piscinas, jacuzzi, restaurantes, parques infantis.

Complexo moderno de spa ecológico - uma estrutura estrutural e técnica complexa e funcional. Trata-se de uma estrutura especialmente complexa, que deve incluir uma sauna (com variações temáticas - hammam, sauna, etc.), piscina (uma ou mais), salas de tratamento e relaxamento. Isto implica a utilização de água do mar, termal, doce ou mineral, algas, plantas medicinais, lamas medicinais, óleos e extractos, e abrange todos os tipos de banhos e aquecimento, programas de fitness, massagens, fricções, envolvimentos, centros de dieta e até descamação de peixe, etc. Cada complexo termal tem as suas especificidades. As termas, por definição, dividem-se em diurnas, de clube, de cruzeiro, de especialidade e médicas.

Um exemplo notável de complexo termal ecológico pode ser a "Om Home" (Casa Britânica) - um pequeno complexo eco-SPA, localizado na aldeia de Krasnaya Polyana e construído segundo todos os cânones da eco-construção. A utilização de materiais naturais locais em cada estrutura criou um microclima especial, e as paredes "respiram" e têm uma maravilhosa propriedade parozahysni (Fig. 9.2.).

Novo complexo moderno de saúde ambiental e entretenimento Monterey Bay Shores planeado para ser construído em Monterey (Califórnia) (Fig. 9.3). O complexo terá apartamentos, restaurantes, salas de conferências, piscinas, um spa e um local para a praia. O complexo situar-se-á no mesmo campo de areia, que produziu durante mais de 60 anos. Uma vez que as áreas de extração de areia afectaram a flora, o Monterey Bay Shores restaurará 85% (29 acres) de terreno de flora e fauna nativas. Mais de 6,7 acres serão dedicados a habitats de espécies ameaçadas de extinção, outros 5 acres são destinados à construção. O estacionamento será subterrâneo e substituirá o asfalto relvado. O complexo fornecerá 30% da eletricidade a partir do vento e do sol, a maioria dos edifícios tem um baixo consumo de energia e reduz o consumo de energia em mais de 50%. As janelas e os quartos foram concebidos para otimizar a penetração constante da luz do dia.

A conceção invulgar de um complexo turístico ecológico na Arménia foi criada para a pequena cidade turística de Dilijan, situada na Arménia (Fig. 9.4).

O principal objetivo dos autores foi preservar as características naturais e climáticas da cidade, maximizando a integração do edifício no meio ambiente. Assim surgiu a imagem do edifício, que se funde perfeitamente com a paisagem envolvente e com as formas de relevo visualmente repetitivas, dando a impressão de fracturação rochosa.

Um fator muito importante para a popularidade do projeto foi a utilização de tecnologias e materiais de construção limpos.

Um exemplo das tendências ecológicas na arquitetura, nas instalações recreativas e de entretenimento são os parques aquáticos ecológicos com diferentes tipos de funcionamento durante um ano e os parques de águas termais que há muito fazem parte integrante e muito rentável do turismo a nível mundial.

Os componentes funcionais-tipológicos dos parques aquáticos formam os seguintes tipos de estruturas: reservatórios; atracções; elementos decorativos recreativos; elementos terapêuticos; estruturas de engenharia.

As características do desenvolvimento urbano e dos parques aquáticos no local das condições actuais incluem: polifunktsiynist;

Fig. 9.2. Complexo Eco Spa "Om Home" (British House), Inglaterra

Fig. 9.3. Complexo de saúde ambiental e entretenimento Monterey Bay Shores. EUA
Estado da Califórnia

Fig. 9.4. Complexo de turismo ecológico e de lazer na Arménia

forma arquitetónica única e, se necessário, a possibilidade de cooperação com diferentes tipos de instalações de carga funcionais.

Um exemplo notável de parque aquático ecológico é o AquaSity Poprad resort, famoso pela sua tecnologia inovadora de construção e funcionamento e construído sobre um lago geotérmico subterrâneo (Fig. 9.5). A água proveniente de fontes geotérmicas, com uma profundidade de 1300 metros, está presente no "Aquacity" a uma temperatura de cerca de 50 ° C e irrompe à superfície sem o auxílio de bombas, numa quantidade de 60,19 litros por segundo. Em seguida, a água é arrefecida por grandes bombas de calor, que, por sua vez, recebem energia de painéis solares situados na parte da frente do complexo. É o primeiro complexo de piscinas do mundo que utiliza a energia solar para aquecer.

Para além disso, o complexo utilizou uma tecnologia inovadora de purificação da água. A água termal "Aquacity" contém mais de 20 minerais diferentes: magnésio, sódio, cálcio, monóxido de carbono e muitos hidrocarbonetos. A energia para aquecer a água dos hotéis e edifícios do complexo, enriquecida com minerais e água após o separador (remove substâncias nocivas) e processamento de raios UV na instalação de filtração entra na piscina.

Outro exemplo de tendências ambientais na conceção e construção de parques aquáticos pode ser o parque aquático "Tatralandia", situado na região de Liptov (Fig. 9.6). Oferece 11 piscinas com água mineralizada média para recreação e natação. O coração aberto durante todo o ano no parque aquático "Tatralandia" é uma fonte de água termal, que se eleva de uma profundidade de mais de 2.500 m. E tem uma temperatura de 60,7 ° C. A água mineral termal nas piscinas de água Liptov ocupa um lugar especial. Contém parte da água do mar paleohennoho, que existia no vale Lyptovskoyi já há 40 milhões de anos. A água mineral "Tatralandia" tem um efeito benéfico sobre o sistema músculo-esquelético e respiratório.

No projeto do parque aquático ecológico "Water Cube", em Pequim, foram utilizados elementos que se assemelham a uma rede cristalina de bolhas de água, que, no entanto, têm elevada resistência e baixa massa específica (Fig. 9.7.).

O material ecológico, a partir do qual são fabricadas as peças, foi desenvolvido especificamente para este edifício. Resolvido o problema do fornecimento de energia: a superfície do edifício recebe energia solar, convertendo-a em água quente e espaço. Num verão quente, graças ao revestimento refletor no interior dos cristais, a temperatura sobe para valores elevados.

O "Water Cube" recolhe a água da chuva no seu telhado e utiliza-a para nadar.

Por centros de reabilitação ecológica entendem-se as instituições que implementaram a restauração e a ajuda médica, psicológica, social e psicoterapêutica. Os centros podem ser divididos, em princípio, nos seguintes núcleos: centros kardioreabilitatsiyni; neyroreabilitatsiyni; reabilitação ortopédica; reabilitação para dependentes; reabilitação médica militar.

Exemplos de centros de reabilitação ambiental podem ser o primeiro centro de hipoterapia na Ucrânia, que não tem análogos nem na Europa nem nos países pós-soviéticos, que será construído para o tratamento e reabilitação da terapia anti-stress para crianças com paralisia cerebral e autismo (Fig. 9.8).

O Ecocentro será construído com recurso a fontes de energia alternativas e tecnologias inovadoras, o que implica a utilização de painéis solares, instalação para queima de biocombustíveis, bombas de calor, sistema autónomo de esgotos e abastecimento de água e rega em circuito fechado.

O projeto previa um complexo ekoahrarnyy (horta e pomar) e a transformação de resíduos orgânicos, pelo que toda a área do complexo, com mais de 5 hectares, deveria funcionar em sistema de circuito fechado (sustentando-se de forma independente).

Fig. 9.5. Eco Resort "Aqua Poprad Sity"

Fig. 9.6. Parque aquático ecológico "Tatralandia"

Fig. 9.7. Parque aquático ecológico "Vodny Cube" Pequim

As principais tendências ambientais que moldam a arquitetura dos complexos recreativos e de entretenimento são a bioclimática (conformidade da função e da forma com determinadas condições climáticas da região); a utilização de materiais de construção ecológicos em combinação com tecnologias inovadoras (a produção e a utilização); a utilização de fontes de energia alternativas (renováveis) (sol, vento, água, biomassa, etc.); a gestão eficaz dos resíduos e a utilização de sistemas fechados de recirculação; a minimização do impacto negativo dos edifícios no ambiente, etc. (Fig. 9.9).

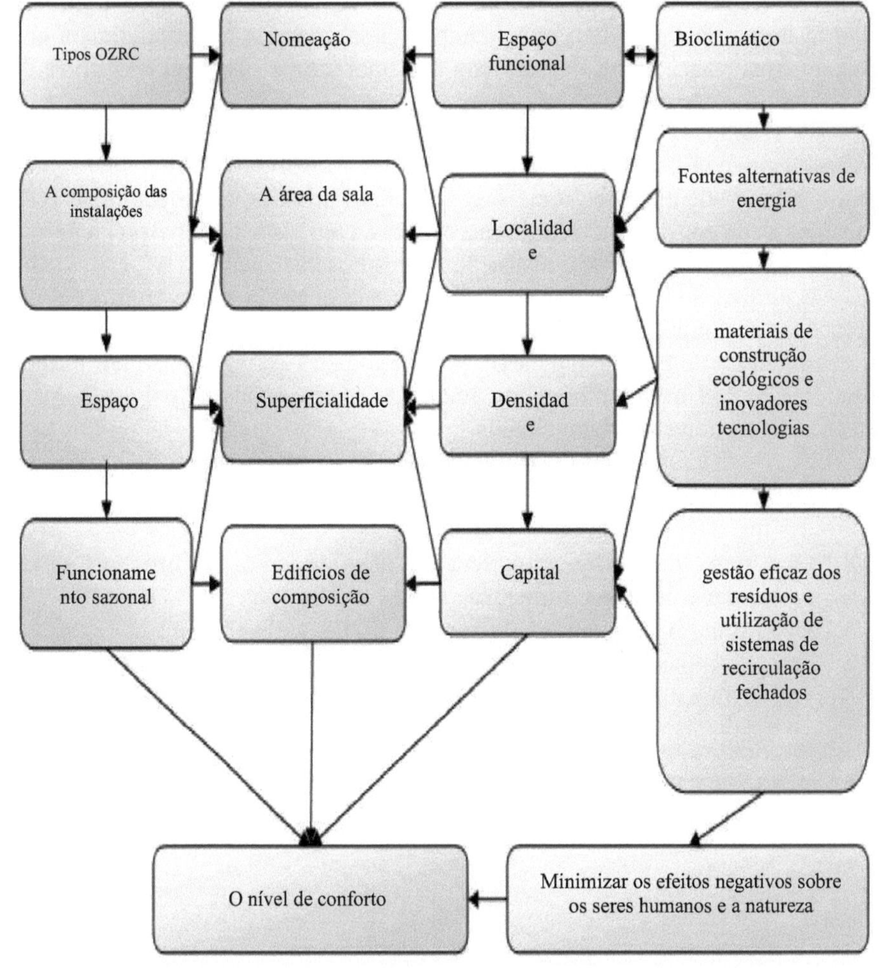

Fig. 9.9. Esquema de organização funcional e de planeamento do complexo de saúde ambiental e entretenimento

Uma tendência importante da formação da arquitetura ekoob'yektiv é a sua forma orgânica. A implementação das técnicas de arquitetura de projeto, que reflectem os pontos de vista deste sistema, existem numerosos objectos feitos no estilo arquitetónico da biónica. Esta arquitetura orienta-se para formas orgânicas e princípios de design combinados com o desenvolvimento de tecnologias ambientais modernas.

Assim, vários tipos de complexos ambientais de saúde e entretenimento são, desde há muito, parte integrante das actividades económicas e lucrativas no mundo. As tecnologias modernas e os novos desenvolvimentos no domínio da melhoria do ambiente podem criar complexos ambientais multifuncionais que oferecem uma vasta gama de serviços e proporcionam um elevado nível de serviço público e de conforto ambiental.

A resolução do problema da saúde ambiental e dos complexos de entretenimento na Ucrânia exige que se considere e resolva, de forma interligada, uma vasta gama de questões sociais, económicas, urbanas, arquitectónicas e de planeamento, de engenharia tecnológica e outras, com vista a estabelecer a norma ecológica para a integração e construção de tais instalações.

A utilização de princípios ecológicos na conceção e construção de tais instalações permitirá desenvolver projectos multifuncionais de recreio e entretenimento, que não só satisfarão as necessidades da população em termos de saúde e lazer, mas também, no máximo, o seu nível de exigência para corresponder às normas internacionais.

CONTROLO DE QUESTÕES E TAREFAS

1. Descrever os princípios gerais e específicos que influenciam a arquitetura das instalações recreativas e de lazer.
2. Que tipos de edifícios pertencem aos modernos centros de saúde ambiental e de entretenimento?
3. Determinar o que é o complexo moderno de Spa ambiental.
4. Dar exemplos de complexos modernos de saúde ambiental e de entretenimento.

Capítulo 10

PRINCÍPIOS AMBIENTAIS DECISÕES DE PLANEAMENTO DO ESPAÇO INSTALAÇÕES DESPORTIVAS MODERNAS

Construção de instalações desportivas - uma linha separada nas empresas de construção, que hoje atenção especial. Afinal, cada novo edifício - este edifício geralmente intsyvidualno projetado está equipado com toda a tecnologia mais recente.

Instalações desportivas modernas - um "organismo" complexo, que são ambos interligados e complexos processos tehnelohichni e operação contínua de realizações desportivas e ozdorovlennyam nação.

Uma instalação desportiva completa - uma associação de conceitos, tecnologias e design sólidos. A compreensão de Tsoro é a chave para criar um projeto de sucesso. O design das modernas instalações desportivas e de entretenimento é geralmente universal: com uma arena transformada para competições alternadas em vários desportos ou mais tipos de medidas de entretenimento. A indústria da construção desenvolve-se constantemente, produz no mundo um grande número de novas soluções tecnológicas de materiais. Vale a pena notar as crescentes exigências não só de alta resistência características e características dos edifícios, mas também para o desempenho ambiental da instalação.

Os principais aspectos ambientais da formação das decisões de ordenamento do espaço desportivo são

- eficiência energética;
- eletricidade verde;
- água;
- navkolyshnoro proteção do ambiente e da biodiversidade;
- gestão de resíduos; arquitetura e design;
- transporte.

Como parte das questões ambientais fundamentais na construção de instalações desportivas, a documentação do projeto ambiental deve ser fornecida utilizando os seguintes componentes:

- energia e eficiência energética (iluminação e ventilação naturais, elevado isolamento térmico (graças a material especial), vidros duplos com elevado isolamento térmico, iluminação energeticamente eficiente, incluindo zonagem e detectores de movimento, recuperação de calor (tipo de superfície de permuta de calor que utiliza o calor de exaustão), sistemas de ar condicionado e sistema de geração de águas residuais e tecnologia optimizada de gelo, chiller (frigorífico industrial concebido para seleção e remoção do excesso de calor e manutenção da temperatura ideal desejada e modos térmicos), zonas térmicas isoladas (que permite uma utilização mais eficiente e tsilesnryamovano da energia), dupla função de aquecimento, janelas energeticamente eficientes);

\- Eletricidade verde (aparelhos energeticamente eficientes, tecnologia de energias renováveis nas instalações (por exemplo, através da utilização de painéis solares, colectores solares, bombas de calor, etc.));

\- Água (equipamento sanitário vodooschadne, contadores de água, válvulas para água com sensores tácteis);

\- Transporte marítimo (métodos para reduzir a necessidade de transporte, tecnologias de transporte respeitadoras do ambiente para melhorar a rede rodoviária).

\- Proteção do ambiente e da biodiversidade (medidas destinadas a evitar a infiltração de poluentes provenientes dos estaleiros de construção no solo de cada local, controlo ambiental para verificar se os trabalhos realizados cumprem os requisitos da legislação ambiental ucraniana, estudo do impacto ambiental de cada instalação antes da construção, medidas de compensação complexas)

\- gestão de resíduos (método de entrega de betão pronto, tecnologia de recolha separada de resíduos dos locais de construção em contentores colocados em plataformas de betão, método de localização de biotoilets em plataformas de betão, tecnologia de reutilização de materiais suplementares, método de armazenamento de materiais em certas áreas claramente definidas, tecnologia de utilização combinada de cofragens amovíveis e permanentes, elevados padrões de produção nos locais de construção);

A implementação e o desenvolvimento bem-sucedidos da construção ecológica no nosso país desenvolveram uma norma ambiental. Atualmente, na Ucrânia, estão amplamente representadas duas normas internacionais: BREEAM, LEED.

O sistema de certificação LEED (The Leadership in Energy and Environmental Design) para a construção ecológica foi introduzido em 1998 nos EUA e é utilizado em 30 países. Foi criado pelo USGBC (Council for ecological construction USA) especificamente para utilização no país e é atualmente utilizado em todo o mundo.

O sistema de certificação BREEAM - BRE Environmental Assessment Method para a construção ecológica em Inglaterra, que actua numa base voluntária. Foi criado pelo Research Institute Building Technology (Reino Unido). Esta norma europeia foi adoptada por muitos promotores no continente. Pode ser adaptada como norma nacional.

É dentro deste padrão que foram desenvolvidas instalações desportivas ecológicas em Londres para os Jogos Olímpicos de verão de 2012. Centro Aquático Centro Aquático (Fig. 10.1.), que foi o arquiteto Zaha Hadid - é um grande exemplo de como você pode salvar em um site olímpico de grande escala. Este edifício é feito num estilo minimalista, e criou estruturas pré-fabricadas e materiais reciclados.

Arena de andebol de materiais reciclados. A Copper Woch Arena (Fig. 10.2), construída para as competições olímpicas deste desporto, servirá durante muito tempo os residentes e visitantes de Londres. Foi construído com materiais reciclados, incluindo cobre e derretido (daí o nome Copper Woch). E 40 por cento da energia utilizada neste edifício - a partir de fontes renováveis.

Em junho de 2012, foi lançado pela primeira vez em Londres o teleférico (Fig. 10.3.) - Emirate Air Line. Este sistema de transporte liga o Tamisa dividido Ahena O2 estádio e centro de exposições ExCeL. O seu funcionamento permitirá eliminar centenas de autocarros, o que reduzirá significativamente a carga nas ruas da cidade e a emissão de dióxido de carbono para a atmosfera.

Tyra stridby para o antigo quartel. O edifício, onde se situam as galerias para as competições de tiro (Fig. 10.4.) nos Jogos Olímpicos, foi durante 200 anos um quartel do exército britânico. Agora é transformado em edifício desportivo - as paredes exteriores são revestidas com membrana de PVC. Depois dos Jogos Olímpicos, o material de que é feito o edifício é reciclado.

Arena London Velodrome (Fig. 10.5.) criado para as suas competições de ciclismo. E nezvazhayutsy o verão, ele não precisa de sistema de ar condicionado artificial - é bem pensado ventilação natural. Este edifício também utiliza para as suas necessidades a água da chuva e a luz natural (filtros de água especiais e muitas janelas na construção do telhado).

Um exemplo da utilização eficaz das normas ecológicas são os estádios ecológicos.

Por exemplo, o estádio de futebol do clube de futebol Tyanzin Sunzyan - um edifício construído de acordo com todas as tendências modernas do mundo "verde".

Por exemplo, uma estrutura de fachada com duas camadas facilitará a ventilação natural e um telhado inclinado concebido de modo a recolher a água da chuva e a utilizá-la para os fins deste estádio. Aquecimento e arrefecimento geotérmico para reduzir o consumo de energia dos edifícios.

Os painéis solares e as turbinas eólicas produzirão diretamente no estádio a eletricidade de que ele necessita. O estádio obtém as suas centrais eléctricas utilizando o vento e a luz solar.

O estádio ecológico foi construído em 2010. Estádio Omnilife (Fig. 10.6.) Constituído por uma enorme encosta de vulcão com relvado e árvores plantadas. Na forma de interesse também a sua tecnologia "verde". É um telhado que recolhe a água da chuva e irriga a vegetação nas encostas do "vulcão" e, assim, inicialmente limpa. Também esta água rega a relva do estádio.

Um exemplo da construção de instalações desportivas ekolohichnyk Stadium snake em Taiwan (Fig. 10.7.). Este é o primeiro estádio da Ásia totalmente alimentado a energia solar. Se olharmos para este estádio com uma vista aérea, podemos ver que tem a forma de uma cobra. Na cultura do povo de

Taiwan, a serpente

Fig. 10.1. Centro Aquático Centro Aquático

Fig. 10.2. Caixa de cobre para arena

Fig. 10.3. Teleférico Emirate AirLine

Fig. 10.4. O edifício, que albergava galerias de tiro para competições de tiro (modernizado) está associado ao sucesso. O telhado do estádio "snake" está coberto com 8.844 painéis solares. Estes painéis solares são suficientes para satisfazer todas as necessidades energéticas do estádio. A área do telhado de 14.155 metros quadrados pode produzir anualmente cerca de 1,14 gigawatts de eletricidade. Esta quantidade é suficiente para abastecer 80% dos consumidores localizados nas imediações quando não estão a ser utilizados. As autoridades de Taiwan afirmam que a produção de energia eficiente do estádio permitirá poupar anualmente 660 toneladas de dióxido de carbono. Os projectistas do estádio utilizaram muitas tecnologias inovadoras para reduzir o impacto ambiental.

Utilizaram apenas os materiais e matérias-primas fabricados em Taiwan e 100% são reutilizáveis. Todas as plantas que cresceram no local de construção foram transplantadas para outros locais perto do estádio.

Estádio-nuvem (Fig. 10.8.) Em Bordéus. A empresa de arquitetura suíça Herzog & de Meuron criou o projeto do estádio de Bordéus, que será uma das arenas que acolherá o Euro-2016. A construção do estádio parecerá uma nuvem suspensa no céu. O estádio será alimentado com energia proveniente de painéis solares instalados na maior parte da sua construção e na área em redor da arena.

Estádio-vulcão na Croácia Vulcão BIue (Fig. 10.9.) - É um bom exemplo de construção ambiental, o estádio não é apenas a forma arquitetónica original, isto é - um verdadeiro vulcão! O estádio será construído com materiais "leves" - cabos de aço, e a cúpula - policarbonato. O seu plano é criar as paredes exteriores a partir de borracha reciclada, alumínio ondulado escondido, pintado de azul. Azul significa que a arena será o estádio do FC Zagreb "Dinamo". A inovação arquitetónica Blue Volcano seria como um dirigível em forma de nuvens, voando regularmente sobre a bacia da arena. Serão instalados painéis solares que fornecerão a eletricidade necessária para o estádio.

Estádio Índia Atlético Ripple (Fig. 10.10.). Ele utilizará para as suas necessidades não só a energia solar, mas também a energia da multidão. Para isso, em todo o estádio serão instalados elementos piezoeléctricos que transformarão a energia mecânica em eletricidade.
Dentro do complexo existem áreas separadas para diferentes desportos.

A parte principal do complexo é um estádio com um campo adequado tanto para o futebol como para o críquete, e uma passadeira. Outras instalações desportivas estão situadas nas imediações do estádio. Instalações desportivas integradas de forma inteligente na paisagem circundante. O estádio ecológico Grande stade de Sasablansa (Fig. 10.11.) foi planeado para ser construído no deserto de Marrocos, pelo que foi construído de forma a ser um oásis natural. Dentro das suas instalações será quebrado jardim, que é também um amortecedor térmico, criando um clima favorável e é usado para arrefecer o estádio. O estádio planeia rodear um oásis verde que arrefece e deixa entrar ar fresco. O novo e ultra-moderno estádio Grand Stade de Casablanca (Grande Estádio de Casablanca), já em fase de construção, será o principal palco da equipa nacional de futebol de Marrocos. O projeto do estádio, concebido pelo estúdio de arquitetura parisiense em cooperação com a empresa de arquitetura marroquina Skau Arhydyzayn. A arkitektura futurista visava a filtragem da luz natural e a ventilação eficaz da infraestrutura do estádio, capaz de colocar cerca de 80 000 espectadores. A impressionante estrutura "delicada" assemelha-se a uma nave extraterrestre. Estes elementos espectaculares foram concebidos para criar uma atmosfera confortável no estádio, que, para além do campo moderno, oferece infra-estruturas públicas convenientes.

Outro projeto é um exemplo de estádio ecológico que cumpre todos os regulamentos ambientais. O conceito do Estádio Olímpico de Nice (Fig. 10.12.) Grande. Os seus principais objectivos são criar o primeiro estádio do mundo que cumpra todas as normas modernas de construção ambiental, utilizando as mais recentes tecnologias inovadoras. O seu campo destina-se não só ao futebol, mas também ao râguebi, e ao mais alto nível. Estádio Olímpico O Estádio de Nice não é apenas um objeto desportivo. A implementação do conceito de estádio ecológico será conseguida através da utilização de materiais de alta tecnologia.

Fig. 10.5. Arena do Velódromo de Londres

Fig. 10.6. Eco-estádio Estádio Omnilife

Fig. 10.7. Serpente de estádio em Taiwan

Fig. 10.8. Nuvem de estádio em Bordéus

Fig. 10.9. Vulcão-estádio na Croácia Vulcão azul

Fig. 10.10. O estádio Athletic Ripple na Índia

Fig. 10.11. Estádio Grande Stade
de Casablanca amigo do ambiente

Fig. 10.12. O conceito do Estádio Olímpico de Nice

A sustentabilidade será também conseguida através da utilização de materiais de madeira, utilizados no funcionamento da energia eólica e da água, da terra e do sol. À superfície, o estádio terá até 16 000 metros quadrados de painéis solares. Serão utilizados por um sistema que recolhe a água da chuva para posterior utilização, como a irrigação. A quantidade total de água recolhida será de 7.000 metros cúbicos, tornando completamente auto-regável o relvado do campo.

A alta tecnologia criará um sistema de aquecimento e ventilação geotérmico. Além disso, uma arquitetura aberta e livre de movimentos proporciona ventiladores, se necessário, uma evacuação rápida.

O Qatar será palco do Campeonato do Mundo de Futebol em 2022. E agora está a decorrer a construção do estádio (Fig. 10.13.). Está planeada a construção de um estádio com zero dióxido de carbono. A principal fonte de energia é o sol.

A conceção de estruturas desportivas e maciças modernas exige não só a utilização de normas e regras de conceção deste tipo de construção, mas também a conceção de princípios ambientais que devem ser aplicados e desenvolvidos em muitos países. O nosso Estado está prestes a criar as suas próprias normas ambientais.

Na Ucrânia desenvolve-se ativamente a construção de instalações desportivas, que aplicam o mais recente e mais moderno design tehnalohiyi. Embora a construção ecológica se desenvolva com sucesso no nosso país, mas os aspectos ambientais da construção de instalações desportivas ainda não são amplamente utilizados.

CONTROLO DE QUESTÕES E TAREFAS

1. Definir a questão "instalação desportiva ecológica moderna".
2. Quais são os principais aspectos ambientais das decisões de planeamento espacial?
3. Descrever o sistema de certificação LEED.
4. Dar exemplos ekostadioniv.

Capítulo 11
CARACTERÍSTICAS DE FORMAÇÃO DA ARQUITECTURA
AMBIENTAL COMPLEXO AEROPORTUÁRIO

O terminal moderno com edifícios ambientais puramente utilitários transformados em objectos arquitectónicos únicos e requintados que reduzem drasticamente a carga ambiental sobre o ambiente.

A conceção do terminal, tendo em conta os factores de criação de volume e os requisitos ambientais, pode:

- reduzir os custos energéticos;
- reduzir a carga ambiental sobre o ambiente;
- melhorar as condições do sistema de transportes, o ambiente social e estético dos passageiros e da sociedade envolvente;
- combinando funcionalidade e imagem, acrescentam a comodidade do complexo aeroportuário;
- e aumentar a área do complexo aeroportuário.

Os terminais ambientais modernos da chamada terceira geração são diferentes áreas óptimas, elevada eficiência de aquecimento do espaço, utilização de estruturas ambientais, pavilhões com vegetação, etc. (Fig. 11.1).

es de planeamento ambiental complexo do aeroporto na fase atual de desenvolvimento é extremamente diversificado. No entanto, é possível captar os métodos das suas principais decisões de planeamento. Existem quatro conceitos fundamentais (Fig. 11.2):

1. Conceito de galeria (Dusseldorf, Tashkent) - o mais comum. Pode aumentar significativamente o comprimento da frente do terminal através da rampa bilateral de acesso às galerias de desembarque.

2. Conceito de satélites (Nova Iorque) - visa proporcionar as melhores condições de manobra na plataforma e aumentar a sua dimensão através da colocação de ilhas de aterragem.

3. O conceito Apron Bus salons (Montreal) - difere do conceito Galerejnoj e satélite em que as instalações de armazenamento são substituídas por salões de autocarros.

Fig. 11.1. Exemplos de complexos aeroportuários ambientais,
A, B - aeroporto "Changi" de Singapura; C - aeroporto de Madrid;
D - aeroporto "Inchon" em Seul

Fig. 11.2. Exemplos de conceitos fundamentais do
complexo aeroportuário
: A - galerias; B - satélites conceptuais;
C - conceito de autocarro Salões de avental; D - linear.

4. Conceito de linha (Toronto, Gotemburgo) - planos de topo adjacentes à frente do edifício principal.

O desenvolvimento do ambiente do complexo aeroportuário é composto por duas fases: a fase de base (preparação para a construção) e a fase de execução da construção. O relatório de base sobre o ambiente - uma forma rápida e fácil futura gestão do projeto de construção, incluindo componentes de construção e estruturas; avaliação pública de áreas de desempenho ambiental; o valor da utilização de programas ambientais; Análise de iniciativas ambientais bem sucedidas que podem exigir mais custos de mão de obra; equipamento de análise; recomendações globais para o máximo desempenho ambiental. Para a fase básica

de desenvolvimento do eco Aeroporto incluem:
- criação de documentação de perfil ecológico;
- iniciar o interesse da sociedade e o domínio da região (Estado);
- identificar oportunidades de desenvolvimento.

O projeto inclui o eco-aeroporto:
- criar mapas de tráfego e geodésicos;
- desenvolver um plano de projeto pormenorizado;
- análise da estratégia de construção ecológica;
- controlo dos materiais de construção, novas tecnologias.

O complexo aeroportuário moderno utiliza materiais de construção amigos do ambiente na construção de novas bandas de ar e de novos terminais que não se evaporam de forma tóxica e têm um baixo nível de resíduos.

A implementação dos princípios básicos de formação de soluções de planeamento volumétrico O complexo aeroportuário ambiental na Ucrânia é realizado através da introdução do projeto de pós-graduação em arquitetura da Universidade Nacional de Aviação (Fig. 11.3).

A energia na conceção ambiental do terminal pode ser dividida em dois itens enerhozaoschadzhuvannya e restaurar a eletricidade.

O programa ambiental do terminal enerhooschadzhuvannya melhorou a eficiência do sistema de iluminação e reduziu a procura de produtos eléctricos (Fig. 11.4).

A forma mais comum de poupança de energia - a otimização do consumo de eletricidade para iluminação. As principais actividades do programa são:
- utilização de novas tecnologias de poupança de energia;
- melhorar a luz do dia e a reflexão da luz no interior;
- reduzir a procura de eletricidade;
- iluminação económica e ecológica;
- sistema de aquecimento elétrico dos fogões;
- ventilação e ar condicionado;

Fig. 11.3. Projeto ambiental do complexo aeroportuário "Zhulyany", m. Kyiv. Estudante: Kovalenko A. Diretor: Zaporozhchenko O.

Fig. 11.4. Exemplos de utilização de iluminação no
complexo aeroportuário
: A - Abu Dhabi; B - Zurique.

- melhorar os artigos de consumo doméstico;
- agenda do alargamento e iluminação local;
- Película fotovoltaica;
- impulsos solares;
- formas alternativas de energia;
- painéis solares e janela de absorção do sol.

O segundo método comum é a utilização de fontes de energia renováveis.

São utilizadas tecnologias alternativas destinadas a melhorar o sistema de aquecimento:

- solar;
- energia geotérmica;
- colectores solares.

Prolongar a luz do dia e evitar a duplicação de dispositivos de iluminação é a principal prioridade da recuperação.

A bateria fotovoltaica de película Tink fornece uma fonte de energia limpa e alternativa, que pode ajudar a reduzir a procura de centrais eléctricas a carvão. É integrada no telhado e o telhado é melhor utilizado quando se efectua uma nova cobertura.

Programa tecnológico Sistemas de impulso solar utilizando os mais recentes aviões ambientais que funcionam com energia solar, eletricidade e alimentam a construção do complexo aeroportuário. Também continua o desenvolvimento de vidro fotossintético, com um modo de ação semelhante ao das células solares (Fig. 11.4).

A utilização de materiais que poupam calor e a modernização dos edifícios podem reduzir o consumo de energia natural. A conceção de janelas e portas de design Tep- looschadni serve para reduzir a perda de calor do edifício.

A introdução da tecnologia solar para a conversão da energia da radiação solar noutros recursos energéticos adequados para utilização térmica e eléctrica devido ao calor, é também utilizada para aquecimento e arrefecimento, água, ar, secagem de frutas e legumes, dessalinização de água, produção de energia e outros fins.

A energia solar é uma fonte limpa de energia renovável.

Fig. 11.4. Exemplos de utilização das mais recentes eco-tecnologias:
A - Impulso solar; B - Central eólica com painéis solares.

A água armazenada nos reservatórios individuais do complexo aeroportuário para utilização no local de destino, armazenamento e cultivo. Os métodos para melhorar a qualidade do serviço de água incluem:

- uma auditoria pormenorizada dos recursos hídricos;
- centralizando o fluxo de água;
- área de irrigação;
- unidades de caudal inferior da classe de instalação;
- cooperação com os arrendatários do terminal de instalações.

A cooperação com os inquilinos do espaço interno do terminal ajudará a reduzir o consumo de água no aeroporto, que será doseado para o abastecimento de água potável em áreas obsluhovchyh das instalações do aeroporto. Isto inclui catering, serviços de passageiros, serviços sociais e serviços de assistência a passageiros, empresários privados.

A centralização do caudal de água pode ajudar a regular a pressão do abastecimento de água, a sua intensidade e a sua profilaxia, de modo a poupar.

Os resíduos provenientes do terminal, dos passageiros, dos aviões e do pessoal do aeroporto geram uma grande quantidade de resíduos sólidos que devem ser recolhidos e eliminados em aterros, queimados em câmaras especiais. Além disso, há problemas de contaminação e de recursos relacionados com a recolha de resíduos e o transporte de carga.

Existem quatro estratégias dominantes para reduzir a recolha e eliminação de resíduos perigosos nos aeroportos:

• recolha centralizada de resíduos;

• actividades políticas e científicas, contribuindo para o bom funcionamento dos resíduos;

• incentivar a utilização de produtos descartáveis relativamente resistentes;

• utilização eficiente dos recursos, que são o resultado da gestão dos resíduos (reciclagem).

O transporte aéreo, veículos e equipamentos terrestres, serviço de transporte é atualmente um dos principais poluentes atmosféricos. Há grandes oportunidades e tecnologias para melhorar ainda mais a qualidade do ar aerovokzalah.Povitryani operações - a principal fonte de emissões móveis. Substituindo aviakerosynu e aviabenzynu e combustíveis alternativos ambientais vai ajudar a reduzir as emissões poluentes.

Muitas companhias aéreas já praticam a economia de combustível, passando a utilizar novos tipos de biocombustíveis e recursos ambientais naturais. Há também uma prática de veículos ecológicos.

Transporte ecológico - é qualquer meio ou forma organizacional de transporte que possa reduzir o impacto ambiental.

O objetivo da construção ecológica dos aeroportos não é apenas torná-los mais verdes, mas também reduzir o seu impacto no ambiente e criar cidadãos mais habitáveis. O desenvolvimento do complexo aeroportuário no domínio ambiental permite obter benefícios rápidos e tangíveis na melhoria do ambiente, poupar energia e reduzir o impacto negativo na natureza.

CONTROLO DE QUESTÕES E TAREFAS

1. Descrever as características de conceção do terminal.
2. Quais são as fases de desenvolvimento do complexo aeroportuário ecológico.
3. Quais são as formas mais comuns de poupar energia?
4. Dar a definição de "helioplanta".
5. Indicar as quatro estratégias dominantes para reduzir a recolha e eliminação de resíduos perigosos nos aeroportos.

CONCLUSÕES

Atualmente, a selva urbana está rodeada por todos os lados pelo ambiente de vida do homem, matando-o impiedosamente na presença da natureza. Este problema é resolvido com a utilização da mais moderna arquitetura ecológica.

As perspectivas de conceção ecológica dos edifícios públicos modernos, com base nos princípios fundamentais da arquitetura ecológica, consistem em conceber e construir edifícios ecológicos em que o consumo de calor para aquecimento e arrefecimento seja mínimo, o que permite: utilizar os recursos naturais; reduzir a poluição durante a construção, o funcionamento e a demolição; adaptar-se ao máximo às necessidades individuais dos ocupantes do edifício; introduzir uma componente natural na estrutura dos edifícios e no ambiente urbano, onde, em primeiro lugar, se planeiam algumas medidas ecológicas, etc.

Tendo em conta os princípios básicos da arquitetura ecológica, é possível realizar poupanças sensíveis que podem reduzir os impactos ambientais nocivos e os custos operacionais da criação de condições favoráveis à vida humana.

Hoje é seguro dizer que a lista de princípios ambientais professados por muitos arquitectos modernos, que são a base real para as suas práticas criativas em colaboração com engenheiros, ecologistas e muitos outros especialistas. Entre os princípios que caracterizam a ecologia são: a construção de eficiência energética na construção, operação e reciclagem de materiais de construção, gestão da água, fontes de energia alternativas e tecnologias inovadoras, o impacto sobre os direitos de propriedade e os ekoseredovysche mais.

Assim, a base das soluções arquitectónicas modernas de edifícios públicos ambientais deve ser colocada em métodos científicos de formação de soluções de planeamento funcional, arquitectónicas e espaciais, estruturais e técnicas para estruturas modernas, com base na consideração dos princípios orientadores da formação de ekobudivel, nomeadamente a utilização apenas de materiais amigos do ambiente; a utilização de aquecimento ou arrefecimento ambiental; a aplicação de métodos ecológicos de eliminação de resíduos; a utilização de decoração ambiental interna e externa de edifícios; a utilização de calor ambiental e de superfícies translúcidas, a sua conceção racional; a aplicação de ventilação ecológica de abastecimento e exaustão, etc.

Os Projectos Ambientais incluem a construção de um futuro global, não é apenas uma forma de construir, utilizando diferentes materiais ecológicos, mas também a sua nomeação prospetiva. Eles servem não só as pessoas, mas também a natureza, para preservar a vida humana e a vida da Terra.

O desenvolvimento do sector da construção na Ucrânia contribui para o rápido crescimento da procura de edifícios amigos do ambiente. Para as empresas de construção, estimular a construção de edifícios comerciais é poupar recursos ambientais durante a construção e o funcionamento dos edifícios.

A construção tradicional ucraniana não pode ser descrita como a utilização de práticas de construção específicas. Na arquitetura tradicional ucraniana presente em quase todo o mundo conhecido técnicas de construção e abordagens, exceto, talvez, a construção de casas de neve, típico dos povos do Ártico. Esta é uma grande variedade de condições climáticas e construção rica em recursos disponíveis na Ucrânia, que por sua vez cria um alto grau de diversidade de construção. No nosso país existem todos os pré-requisitos para o desenvolvimento da construção ecológica.

De acordo com os principais peritos ocidentais, a Ucrânia, ao aplicar tecnologias de construção ecológicas, não só terá benefícios normais, como a redução do consumo de energia, a conservação de recursos e a redução dos efeitos nocivos para o ambiente, mas também o crescimento natural da economia, através do aumento da produção industrial e da introdução de tecnologias inovadoras.

O desenvolvimento da construção ecológica é uma área estrategicamente importante não só para o desenvolvimento, mas também para a sua sobrevivência.

A ideia da construção ecológica na Ucrânia é eficaz e promissora, sem precedentes, pelo que exige um financiamento incondicional e prioritário para o seu desenvolvimento. Mas ainda é preciso muito tempo.

O crescente nível de consciência ambiental do público, o reforço da legislação sobre eficiência energética, a procura de otimização de custos e o desejo de ir ao encontro das novas tendências que afectam o comportamento dos promotores imobiliários. Esperamos que o mercado imobiliário comercial ucraniano apanhe a onda ecológica, apresentando uma nova geração de instalações para o deleite dos inquilinos dalekobachnym que valorizam o conforto e as vantagens ecológicas da utilização de princípios ecológicos que moldam todos os tipos de edifícios públicos.

REFERÊNCIAS

1. Odium Y. Fundamentos de ecologia: livro de texto - M.: Mir, 1975. - 520 c.

2. Tetior A. N. Ecologia Arquitetónica e da Construção - M.: Academia, 2008. - 21 c.

3. Uspnova I. I. Ecologo-myutobuduvannya obgruantuvannya stalogo rozvitku v kontekst! ekosistemnoT selohregulatsn // Mutobuduvannya ta teritor! alne planuvannya - K.: KNUBA - 2004. - 19 c.

4. Vartapetova A.E. Princípios de organização

espaço de escritório moderno / A. E. Vartapetova // ACADEMIA. Arquitetura

Construção. 2010. - №2. - C. 38-42.

5. Kopylova L.A. Web-journal "ECA: Ecological Architecture". www.eca.ru.

6. Tetior A.N. Architectural and Construction Ecology - Moscovo: Academia, 2008. - 369 c.

7. D'yakonov K. N., Doncheva A.. V. Ecological design and expertise. - M.: Aspect Press, 2002. - 384 c.

8. Istomin Y.S., Goryaev H.A., Barabanova T.A. Ecologia na construção: uma monografia / GOU VPO Mosk. gos. budue.un-t. M .: MGSU, 2010. - 154 c.

9. Tetior, A.N. Ecologia da arquitetura e da construção / A.N. Tetior.

A.N. Tetior. -M.: Centro editorial "Academia". - 2008. - 368c.

10. Mikulina, E.M. Ecologia arquitetónica: um livro didático para estudantes das instituições de ensino superior profissional / E.M. Mikulina, N.G. Blagovidova. - M.: Centro Editorial "Academia" - 2013. - 256 c.

11. Mikulina E. M. Ecologia arquitetónica: Livro de texto para estudantes de instituições de ensino superior profissional / E. M. Mikulina, N. G. Blagovidova. - Moscovo: Centro Académico de Publicações. - 2003. - 256 p., ilustração a cores.

12. Bases ecológicas da arquitetura

Conceção: livro didático para estudantes.

Instituições de Ensino Superior Profissional / I. M. Smolyar, E. M. Mikulina, N. G. M. M. Mikulina, N. G. Blagovidova. - M.: Centro Editorial "Academia". - 2010. - 160 c.

13. Bokov A.V. Complexos e construções multifuncionais. - Moscovo: Stroyizdat, 1973. - 178 c.

14. Benai X. A. Analysis of functional-planning features of shopping and entertainment centers / X. A. Benai, O. I. Fetisov // Vyunik DonNABA. Ser! me : Problems of arhgektury i mutobuduvannya. - Maknvka, 2010. - issue2010-02(82). - C. 25-31.

15. *Odium Y.* Fundamentos de ecologia: livro de texto - M.: Mir, 1975.

16. *Tetior A. N.* Ecologia Arquitetónica e da Construção - M.: Academia, 2008. - 520 c.

17. Uslnova I. I. Ecologo-myutobududovannya stalogo rozvitku v kontekst! ekosistemnoT samoregulatsn // Mutobuduvannya ta teritor'alne planuvannya - K.: KNUBA - 2004. - 351 c.

18. Cherkes B. S., L! M. S. M. Archgektura Suchasnostk Ostannya tretina XX - поч.XX1 ст. - Льв1в.; Льв!вська полгехнка. 2010. - 384 c.

19. Koteniova 3. I. Arkhgektura buduvel i sporudov: Navchalnyi poobnik. - Kharyuv: KHNAMG. 2007. - 170 c.

20. Slepyan E. Werner Regen. Arquitetura.

Construção. Ecologia. - Moscovo: Werner Regen. 2006. - 679 c.

21. DBN V.2.2-13-2003. Sportivy ta f!zkulturno-zdorovorozdich! sporudy. - K.: Derzhbud UkraTni.

22. Maslov H. V. Urban Ecology. - Moscovo: Escola Superior. - 2003.- 284 c.

23. Cherkes B. S., L1nda S. M. Archgektura sostoyasnosti Ostannya tretina XX - поч поч. XXI ст. - Льв1в.; Льв1вська пол1технка. - 2010.- 384 c.

24. Kotenova 3.1. Arkhgektura bud!

sporuds:Navchalnyi pos.- Kharyuv.: KHNAMG. - 2007.- 171 c.

25. Slepyan E. Werner Regen. Arquitetura. Construção. Ecologia.- M.:Werner Regen.- 2006.- 679 p.

26. DBN B.2.2-10-2001 Boudinki i sporudi. Zakladi okhrani zdorony zdorovorodi zdorov'ya.

27. Kondratyuk V.A. Zagalna psna z bases ekologn // editado pelo Prof. V.A. Kondratyuk. Ternogpl: "Ukrmedkniga". - 2003.- 592 c.

28. D'yakonov K.N., Doncheva A.V. Ecological design and expertise.

Design e especialização. - M.: Aspect Press, 2002.- 389 p.

29. Uspnova 1.1. Ecologo-myutobuduvannya obgruantuvannya stalogo rozvitku u kontekst! ekosistemnoT seloregulatsnoy // Mutobuduvannya ta teritor!alne planuvannya.- K.:KNUBA.- 2004. - 351 c.

30. Tetior A.H. Bases sociais e ecológicas do projeto arquitetónico. livro de texto para estudantes de instituições de ensino superior / - M. : Centro editorial "Academia", - 2009. - 240 c.

31. Tetior A.N. Building ecology. -Kiev:

Budivelnik, 1992.- 155 p.

32. Lukyanova L.G., Tsybukh V.I. Complexos recreativos. Livro didático para estudantes de instituições de ensino superior: Vishcha Shk. - 2004. - 346 c.

33. Dissertação para a obtenção do grau científico de candidato a arquiteto: BASES DA ARQUITECTURA FORMOVÂNICA DE COMPLEXOS DE RECUPERAÇÃO DE ÁGUA. Ezhov D.V. Odessa - 2008.

34. DBN B.2.2-10-2001 Boudinki i sporudi. Zaklady okhorodorony zdorony zdorov'ya.

35. Kondratyuk V. A. Zagalna pepsna z osnovy ekolopG // editado pelo Prof. V.A. Kondratyuk. Ternopil, "Ukrmedkniga", 2003.- 592 p.

36. Maslov N. V. Urban Ecology. - Moscovo: Escola Superior. 2003. - 204 c.

37. Cherkes B. S., L!nda S. M. Archhektura sushasnost' Ostannya tretina XX - poch.XX! st. - Lviv, Lviv; Lviv.vska polgehnka. 2010.- 384 c.

38. Koteniova 3. I. Archeggektura bud! vel i sporudov: Navchalnyi poobnik. - Kharyuv: KHNAMG. 2007.- 171 c.

39. Slepyan E. Werner Regen. Arquitetura.

Construção. Ecologia. - Moscovo: Werner Regen. 2006.- 383 c.

40. Sugrobov N. P., "Stroitelnaya Ekologiya" - Moscovo, 2004.- 416 p.

41. DBN V.2.2-13-2003. Sportivy ta f!zkulturno-zdorovch! sporudy. - K.: Derzhbud UkraTni.

42. Benai X. A. Análise das características funcionais-planejadoras de centros comerciais e de entretenimento / X.

A. Benai, O. I. Fetisov // Vyunik DonNABA. Problemas de arkhgektury i mutobuduvannya. - Maknvka, 2010. - issue2010-02(82). - C. 25-31.

43. Bigon M. Ecologia / M. Bigon, J. Harper, K. Tausend. - M.: Mir, 1989. - 477 c.

44. Bokov A. V. Complexos multifuncionais e construções / A. V. Bokov - M.: Stroyizdat, 1973. - 178c.

45. Vartapetova, A. E. Principles of organization of the modern office space / A. E. Vartapetova.

Princípios modernos de organização do espaço de escritório / A. E. Vartapetova // ACADEMIA. Arquitetura e

Construção. 2010. - №2. - C. 38-42.

46. Derzhavy bud! veln! normi. Boudinki i sporudi. Zakladi okhrani zdorozhroni zdorovorodi zdorov'ya: DBN V.2.2-10-2001. - Derzhbud UkraTni, 2001. - 80 c.

47. Derzhbudvali buduvely normi. Sportivy ta f.zkultur-no - zdorozdorovy! sporudy: DBN V.2.2-13-2003. - K.: Derzhbud UkraTni, 2003.- 20 p.

48. Dissertação para a obtenção do grau científico de candidato a candidato de arqueologia: BASE DE FORMOVANIA DA ARQUITETURA DE COMPLEXOS DE RECUPERAÇÃO DE ÁGUA.Ezhov D. V. Odessa - 2008.- 46 p. 49.

49. Ezhov D. V. Dissertação sobre o grau científico do candidato de arkh!tektury:Bases do formivannya arkhgektury vodno-rosvazhalnyh komplekav / D. V. Ezhov. V. Ezhov. - Odessa, 2008.- 41 p.

50. D'yakonov, K. N. Ecological design and expertise / K. N. D'yakonov, A. V. Doncheva. - Moscovo: Aspect Press, 2002-384 p.

51. Prezhko V. V. Yekolopchnyi Slovnik: Navch. Poobnik / V.

B. Prezhko ta ! - Kharkiv: KDAMG, 1999. -416 c.

52. Smolyar I. M. Bases ecológicas do projeto arquitetónico: livro didático para estudantes de instituições de ensino superior profissional / I. M. Smolyar, E. M. Mikulina, N. G. Blagovidova. M. Mikulina, N. G. Blagovidova. - Moscovo: Centro Editorial "Academia", 2010. - 160 c.

53. Kondratyuk V. A. Zagalna pepsna z osnovy ekologn / V. A. Kondratyuk. // Ukrmedkniga. - Ternopil, 2003 - 593 p.

54. Istomin, Yu.S. Ecologia na construção:

Monografia / Yu.S. Istomin, N.A. Goryaev, T.A. Barabanova. // GOU VPO Mosk. gosudarstvennye un-unit. - MOSCOU: MGSU. -2010. -154 c.

55. Koveshnikova, N. I. Filosofia da consciência ecológica na arquitetura / N. I. Koveshnikova // Jovem cientista. - 2014. - №20. - C. 760-763.

56. Kotenova 3. I. Arkhgektura buduvel i sporudov: Navchalny poobnik. / 3. I. Kotenova. MOSCOVO: KHNAMG. - Kharkiv. 2007.- 170 c.

57. Kopylova L. A. Web-journal "ECA: Ecological Architecture". / L. A. Kopylova// - Modo de acesso à revista: www.eca.ru.

58. Lukyanova, L.G. Complexos recreativos. / L.G. Lukyanova, V.I. Tsybukh // Visha shk. [Livro didático para estudantes de instituições de ensino superior]. - Kiev. 2004. -346 c.

59. Lozhachevska O. M. Formovannya strategii ekomicheskoi rozvitku pasazhirskogo term.nalu aeroportu. / O. M. Lozhachevska, Y. A. Palamarchuk // Monografia - K.: Kondor. - 2009. - 240 c.

60. Maslov N. V. Ecologia do planeamento urbano / N. V. Maslov - M.: Escola Superior. - 2003.- 285 c.

61. Mikulina E. M. Architectural ecology: a textbook for students of higher professional education institutions / E.M. Mikulina, N.G. Blagovidova. - Moscovo: Centro de Publicações "Academia" - 2013. - 256 c.

62. Mikulina E. M. Ecologia arquitetónica: Livro didático para estudantes de instituições de ensino superior profissional / E. M. Mikulina, N. G. Blagovidova. - M.: Centro Académico de Publicações, - 2003. - 256 p., colorido ill.

63. Mikulina E. M. Ecologia arquitetónica: Livro de texto para estudantes do ensino profissional superior / E. M. Mikulina, N. G. Blagovidova. - Moscovo: Centro de Publicações "Academia", - 2010. - 160 c.

64. Odyum, Y.O. Fundamentals of ecology: textbook / Y.O. Odyum - M.: Mir, -1975.- 414 p. 65.

65. Orelskaya O. V. Modern foreign

arquitetura. / O. V. Orelskaya.- M.: Academia, -.

2007. №8. - O. 70-73.

66. Slepyan E.V. Arquitetura. Construção. Ecologia. / E.V. Slepyan. - Moscovo: Werner Regen. - 2006.- 671 c.

67. Sugrobov, N. P. Ecologia da construção / N. P. Sugrobov - Moscovo, - 2004.- 256 p.

68. Tetior, A. N. Ecologia da arquitetura e da construção / A. N. Tetior - Moscovo: Academia, - 2008.- 368 p. 69.

69. Tetior, A.N. Bases sociais e ecológicas do projeto arquitetónico. / A.N. Tetior [Livro de texto para estudantes de instituições de ensino superior]. - Moscovo: Centro editorial "Academia", - 2009. - 240 c.

70. Tetior, A.N. Ecologia da arquitetura e da construção / A.N. Tetior. -M.: Centro editorial "Academia" -

2008. - 368 su.

71. Uspnova I. I. Ecologo-myutobudvne obgruantuvannya stalogo rozvitku u kontekste! ekosistemnoT samoregulatsnoy / I. I. I. Uspnova.// Mutobuduvannya ta territorial planning. - K.: KNUBA. -2004. - 351c.

72. Ustinova, I. I. Ecological balance method as a basis for the formation of the environment of sustainable development of cities and urbanized areas / I. I. Ustinova // Mutobuduvannya ta teritor!alne planuvannya. - K.: KNUBA. - 2002. - Vip.12. - C.188-192.

73. Franchuk G. M. Ecolopchny problemy dovyulya. / G. M. Franchuk, L. P. Malakhov, R. M. GPtorak. - K.: KMUTSA, - 2000. - 180 c.

74. Cherkes, B. S. S. Archhektura suchasnosp. Ostannya tretina XX - poch.XX! st./ B. S. Cherkes, S. M. L.Nda. - Lviv1v.; Lviv.vska polgehnka. -2010.- 384 c.

75. Jencks Ch. The New Paradigm in Architecture. The Language of Post-Modernism. New Haven - Londres: Yale University Press, 2007. - 272 p.

76. Steel J. Architecture Today. - Phaidon Press Limited, 1997.-511 p.

77. Edifícios espectaculares. - Koln:Taschen GmbH. - 2007. - 381 p.

Buy your books fast and straightforward online - at one of world's fastest growing online book stores! Environmentally sound due to Print-on-Demand technologies.

Buy your books online at
www.morebooks.shop

Compre os seus livros mais rápido e diretamente na internet, em uma das livrarias on-line com o maior crescimento no mundo! Produção que protege o meio ambiente através das tecnologias de impressão sob demanda.

Compre os seus livros on-line em
www.morebooks.shop